乡村人才振兴培训系列教材

农业政策与农村法律法规

陶云平　李居平　王越兴　主编

中国农业科学技术出版社

图书在版编目（CIP）数据

农业政策与农村法律法规／陶云平，李居平，王越兴主编．--北京：中国农业科学技术出版社，2022.7（2025.2重印）
 ISBN 978-7-5116-5791-6

Ⅰ.①农… Ⅱ.①陶…②李…③王… Ⅲ.①农业政策-中国②农业法-中国 Ⅳ.①F320②D922.4

中国版本图书馆 CIP 数据核字（2022）第 102563 号

责任编辑	申　艳
责任校对	马广洋
责任印制	姜义伟　王思文

出 版 者	中国农业科学技术出版社
	北京市中关村南大街 12 号　邮编：100081
电　　话	（010）82106636（编辑室）　（010）82109702（发行部）
	（010）82109709（读者服务部）
网　　址	http://www.castp.cn
经 销 者	各地新华书店
印 刷 者	北京捷迅佳彩印刷有限公司
开　　本	140 mm×203 mm　1/32
印　　张	6.5
字　　数	175 千字
版　　次	2022 年 7 月第 1 版　2025 年 2 月第 4 次印刷
定　　价	30.00 元

版权所有·翻印必究

编委会

主　编　陶云平　李居平　王越兴

副主编　王田明　刘文忠　董润娟　张国翠
　　　　　李时燃　刘志国

编　委　杜娜钦　习　娟　袁轶玲　孙清华
　　　　　杜　宁　王　峰　潜锦贤　张　丹
　　　　　崔娟子　林　萌　詹学锐　周爱军
　　　　　陈玉凤　周绍斌　单　峥

前言

农业是国民经济基础产业，国家一直高度重视农业农村的发展。近年来，为了推进农业农村更好更快发展，让农业强起来、让农村美起来、让农民富起来，国家出台了很多新政策。为了配合新型职业农民培训工作要求，方便农民朋友集中学习和系统了解农业农村法律法规，编写了本书。

本书精选了最新的、权威的国家关于农业农村的政策和法律法规，从农业政策与法律法规、乡村振兴促进法、农产品质量安全法律制度、农业生产资料管理、农业机械管理、农业环境保护、农业生态保护、农村土地管理、农村基础设施建设、农民权益保障10个方面进行了详细介绍，语言通俗，内容丰富，具有较强的系统性和可读性。

由于编写时间仓促，编者水平有限，不足之处在所难免，敬请读者批评指正。

编 者

2022年1月

目录

第一章 农业政策与法律法规 ... 1
- 第一节 农业政策 ... 1
- 第二节 农业法律法规 ... 11
- 第三节 农业政策与农业法规的关系 ... 14

第二章 《中华人民共和国乡村振兴促进法》 ... 16
- 第一节 出台过程和重要意义 ... 16
- 第二节 主要内容 ... 19
- 第三节 全面贯彻实施 ... 35

第三章 农产品质量安全法律制度 ... 39
- 第一节 《中华人民共和国产品质量法》 ... 39
- 第二节 《中华人民共和国农产品质量安全法》 ... 41
- 第三节 《中华人民共和国食品安全法》 ... 45

第四章 农业生产资料管理 ... 53
- 第一节 种子管理 ... 53
- 第二节 肥料和农药登记管理 ... 59
- 第三节 兽药管理 ... 67
- 第四节 饲料和饲料添加剂管理 ... 76

第五章 农业机械管理 ... 89
- 第一节 农业机械管理 ... 89
- 第二节 农机购置补贴政策 ... 91
- 第三节 农业机械报废更新补贴 ... 98

第六章 农业环境保护 ... 103
- 第一节 保护耕地资源 ... 103
- 第二节 保护水资源 ... 106

第三节　保护矿产资源 108
　　第四节　保护森林资源 109
　　第五节　保护草原资源 112
　　第六节　保护野生动物、植物资源 114
　　第七节　保护水产资源 116
　　第八节　保护农业环境 117

第七章　农业生态保护 121
　　第一节　规范水产养殖投入品使用 121
　　第二节　农用薄膜管理办法 124
　　第三节　畜禽养殖粪污资源化利用 126

第八章　农村土地管理 132
　　第一节　《中华人民共和国农村土地承包法》 132
　　第二节　耕地资源管理 141
　　第三节　农村土地经营权流转管理 145
　　第四节　高标准农田建设管理 148

第九章　农村基础设施建设 156
　　第一节　整治提升农村人居环境 156
　　第二节　农村基础设施建设 166
　　第三节　提升农村公共服务水平 172

第十章　农民权益保障 181
　　第一节　农村居民社会保障 181
　　第二节　留守人群保障服务 185
　　第三节　农业保险政策 189

参考文献 200

第一章 农业政策与法律法规

第一节 农业政策

一、农业政策的概念及特点

(一) 农业政策的概念

农业政策是政府为了实现一定的社会、经济及农业发展目标，对农业发展过程中的重要方面及环节所采取的一系列有计划的措施和行动的总称。

(二) 农业政策的特点

①农业政策制定与发布的主体是执政党或政府，既包括中央和地方各级政府，也包括各级政府的涉农机关。

②农业政策的制定和发布是为了实现与农业生产、经营及农村社会发展相关的政治、经济和社会目的。

③农业政策制定、发布和修改的程序一般比较简易。

④农业政策具有明显的时效性。

⑤农业政策的基本内容由政策目标和政策措施组成。

⑥农业政策是规范性文件。

二、强农惠农政策

近年来，每年国家都会下发本年度的强农惠农政策，而"三农"资金也会加大在这些方面的投入。2021 年 7 月 2 日，财政部联合农业农村部发布了 2021 年重点强农惠农政策，具体包括下列方面。

（一）粮食生产发展

1. 农机购置补贴

各地在中央财政农机购置补贴机具种类范围内选取确定本省补贴机具品目，实行补贴范围内机具应补尽补。将粮食生产薄弱环节、丘陵山区特色农业生产急需的机具以及高端、复式、智能农机产品的补贴额测算比例提高至 35%。将育秧、烘干、标准化猪舍、畜禽粪污资源化利用等成套设施装备纳入农机新产品补贴试点范围。全面推行限时办理，将补贴申请受理与核验、补贴资金兑付的工作时限分别压缩至 15 个工作日以内。

2. 重点作物绿色高质高效行动

集成组装、推广区域性、标准化高产高效技术模式，在更大规模、更高层次上提升优良食味稻米、优质专用小麦、高油高蛋白质大豆、双低双高油菜等粮、棉、油、糖、果、菜、茶生产能力，同时因地制宜推广测墒节灌、水肥一体化、集雨补灌、蓄水保墒等旱作节水农业技术，示范带动大面积区域性均衡发展，促进粮食等农作物稳产高产、节本增效和提质增效。

3. 农业生产社会化服务

支持符合条件的农村集体经济组织、农民合作社、农业服务专业户和服务类企业面向小农户开展社会化服务，重点满足小农户在粮、棉、油、糖等重要农产品生产中关键和薄弱环节的专业化服务需求。加大对南方早稻主产省、丘陵地区发展统防统治、代耕、代种、代收等粮食生产社会化服务的支持力度。采取以奖代补、作业补贴等多种方式，推进集中、连片开展农业生产社会化服务。

4. 基层农技推广

以国家现代农业科技示范展示基地和区域示范基地等为平

台，示范推广重大引领性技术和农业主推技术。实施重大技术协同推广任务，熟化一批先进技术，组建技术团队开展试验示范和观摩活动，加快产学研推多方协作的技术集成创新推广。继续实施农技推广特聘计划，通过政府购买服务等方式，从乡土专家、新型农业经营主体、种养能手中招募特聘农技员。

5. 玉米大豆生产者补贴、稻谷补贴和产粮大县奖励

为保障国家粮食安全，国家继续实施玉米和大豆生产者补贴、稻谷补贴和产粮大县奖励等政策，巩固农业供给侧结构性改革成效。

6. 实际种粮农民一次性补贴

为保障农民种粮有合理收益，保护好农民种粮积极性，2021年中央财政对实际种粮农民发放一次性补贴，释放支持粮食生产积极信号，稳定农民收入，补贴资金向粮食主产区倾斜。

（二）耕地保护与质量提升

1. 耕地地力保护补贴

补贴对象原则上为拥有耕地承包权的种地农民，补贴资金通过"一卡（折）通"等形式直接兑现到户，严禁任何方式统筹集中使用，严防"跑冒滴漏"，确保补贴资金不折不扣地发放到农民手中。按照《财政部办公厅　农业农村部办公厅关于进一步做好耕地地力保护补贴工作的通知》要求，探索耕地地力保护补贴发放与耕地地力保护行为相挂钩的有效机制，加大耕地使用情况的核实力度，做到享受补贴农民的耕地不撂荒、地力不下降，切实推动落实"藏粮于地"战略部署，遏制耕地"非农化"。

2. 高标准农田建设

按照"统一规划布局、统一建设标准、统一组织实施、统一验收考核、统一上图入库"5个统一的要求，2021年在全国建设高标准农田1亿亩（1亩≈667米^2），并向粮食生产功能区、重要农产品生产保护区倾斜。在建设内容上，按照《高标准农田建

设 通则》，以土地平整、土壤改良、农田水利、机耕道路、农田输配电设备等为重点，推进耕地"宜机化"改造，加强农业基础设施建设，提高农业综合生产能力。

3. 东北黑土地保护

聚焦黑土地保护重点县，集中连片加强黑土地保护，强化培育肥沃耕层，旱地集中连片推进秸秆深翻还田、碎混还田等技术，水田推行秸秆秋翻压、春搅浆还田等技术，增加耕地土壤有机质，打破压实层，开展综合提质培肥。继续稳步实施东北黑土地保护性耕作行动计划，支持在适宜区域推广应用秸秆覆盖免（少）耕播种等关键技术，有效减轻风蚀、水蚀，增加土壤有机质，增强保墒抗旱能力，提高农业生态效益和经济效益。

4. 耕地质量保护与提升

在重点作物绿色高质高效行动县协同开展化肥减量增效示范，引导企业和社会化服务组织开展科学施肥技术服务，支持农户和新型农业经营主体应用化肥减量增效新技术、新产品；继续支持做好耕地质量等级调查评价与监测、取土化验、田间肥效试验等测土配方施肥基础性工作。在耕地酸化、盐碱化较严重区域，集成推广施用土壤调理剂、绿肥还田、耕作压盐、增施有机肥等措施，开展退化耕地治理。在西南、华南等地区，因地制宜地采取品种替代、水肥调控、农业废弃物回收利用等环境友好型农业生产技术，加强生产障碍耕地治理。

5. 耕地轮作休耕

立足资源禀赋、突出生态保护、实行综合治理，进一步探索科学有效轮作模式，重点在东北地区推行大豆-玉米、杂粮、杂豆、春小麦-夏玉米等轮作，在黄淮海地区推行玉米-大豆或花生-玉米等轮作，在长江流域推行稻-油、稻-稻-油等轮作。继续在河北地下水漏斗区、黑龙江三江平原井灌稻地下水超采区、新疆塔里木河流域地下水超采区实施休耕试点。

6. 农机深松整地

以提高土壤蓄水保墒能力为目标，支持适宜地区开展农机深松整地作业，促进耕地质量改善和农业可持续发展。深松整地作业一般要求达到 25 厘米以上。每亩作业补助原则上不超过 30 元，具体补助标准和作业周期由各地因地制宜确定。

(三) 种业创新发展

1. 种质资源保护

支持加快推进第三次全国农作物种质资源普查收集，启动实施第三次全国畜禽遗传资源普查，强化种质资源安全保存和精准鉴定。支持符合条件的国家级畜禽遗传资源保种场、保护区和基因库开展畜禽遗传资源保护，支持符合条件的国家畜禽核心育种场、种公畜站、奶牛生产性能测定中心等开展种畜禽生产性能测定。

2. 畜牧良种推广

在主要草原牧区省份对项目区内符合条件的养殖户进行适当补助，支持牧区畜牧良种推广。在生猪大县实施生猪良种补贴，加快生猪品种改良。在黑龙江等 10 个蜂业主产省份，实施蜂业质量提升行动，支持开展蜜蜂遗传资源保护利用、良种繁育推广、现代化养殖加工技术及设施推广应用、蜂产品质量管控体系建设，推动蜂业全产业链质量提升。

3. 制种大县奖励

2021 年，在现有国家级制种大县范围内，聚焦稻谷、小麦、玉米、大豆、油菜等重点粮油品种，聚焦种子生产、加工短板弱项，创新基地建设和发展模式，推动优势基地和龙头企业合作共建，强化新技术、新工艺、新装备应用，促进种业转型升级，实现高质量发展。

(四) 畜牧业健康发展

1. 推进奶业振兴

支持苜蓿种植、收获、运输、加工和贮存等，增强苜蓿等优质饲草料供给能力，降低奶牛饲养成本，提高生鲜乳质量安全水平。支持家庭牧场、奶业合作社，提升生产能力和质量水平。

2. 实施粮改饲

以北方农牧交错带为重点，支持牛羊养殖场（户）和饲草专业化服务组织收储青贮玉米、苜蓿、燕麦草等优质饲草，通过以养带种的方式加快推动种植结构调整和现代饲草产业发展。

3. 实施肉牛肉羊增量提质行动

在北方农牧交错带和南方牛（羊）产业基础相对较好的养殖大县，支持开展基础母牛扩群提质和种草、养牛、养羊全产业链发展，引导增加基础母牛存栏，建立牛羊生产草畜配套、种养结合发展机制，提高牛羊肉产品供给能力。

4. 生猪（牛羊）调出大县奖励

包括生猪调出大县奖励、牛羊调出大县奖励和省级统筹奖励资金。生猪调出大县奖励资金和牛羊调出大县奖励资金由县级人民政府统筹安排，用于支持本县生猪（牛、羊）生产流通和产业发展；省级统筹奖励资金由省级人民政府统筹安排，用于支持本省（区、市）生猪（牛羊）生产流通和产业发展。

（五）农业全产业链提升

1. 农业产业融合发展

统筹中央财政产业融合发展政策任务资金，引导各地聚焦主导产业，优化产业布局，整体衔接推进，新创建50个国家现代农业产业园、50个优势特色产业集群、298个农业产业强镇，推动乡村产业形态更高级、布局更优化、结构更合理。引导各省立足优势和资源禀赋，瞄准农业全产业链开发，明确发展主导产业和优先顺序，构建以产业强镇为基础、产业园为引擎、产业集群为骨干，省县乡梯次布局、点线面协同推进的现代乡村产业体系，加快推动品种培优、品质提升、品牌培育和标准化生产，整体提升产业发展质量效益和竞争力。中央财政分年分类对批准创建的国家现代农业产业园、优势特色产业集群、农业产业强镇给予奖补支持。鼓励创新资金使用方式，采取直接补助、政府购买服务、先建后补、以奖代补等方式，引导和撬动金融和社会资本参与建设，促进市场投资主体和农民合理分享增值收益，提高产业发展的内在活力和竞争力。择优支持创建一批粮食、种业、肉牛产业园和产业集群。

2. 农产品产地冷藏保鲜设施建设

坚持"农有、农用、农享"的原则，围绕鲜活农产品，聚焦新型主体，相对集中布局，标准规范引领，农民自愿自建，政府以奖代补，助力降损增效，推动产地冷藏保鲜能力、商品化处理能力和服务带动能力显著提升。采取"先建后补、以奖代补"方式，支持在全国范围内推进农产品产地冷藏保鲜设施建设，并择优选择100个县开展农产品产地冷藏保鲜整县推进试点。支持对象为县级以上示范家庭农场和农民合作社示范社（832个脱贫县可不受示范等级限制），以及已登记的村集体经济组织。试点县可因地制宜鼓励农业龙头企业、农业产业化联合体，以及可有效实现联农带农、"农超对接"的相关市场主体，积极参与农产品产地冷藏保鲜设施建设。补助采取"双限"，补贴比例上限不超过冷藏保鲜设施建设总造价的30%（832个脱贫县放宽至40%），单个主体补助原则上不超过100万元，具体定额补贴标准由地方制定。对农民合作社获得的财政直接补助形成的资产要量化到全体成员并记载在成员账户中；对农村集体经济组织获得的财政直接补助形成的资产要量化为集体成员持有的股份。

3. 地理标志农产品保护工程

围绕产品特色化、身份标识化和全程数字化，加强地理标志农产品特色种质保存和特色品质保持,推动全产业链标准化全程质量控制,提升核心保护区生产及加工贮运能力。挖掘农耕文化,推动绿色有机认证,加强宣传推介,培育区域特色品牌。利用现代信息技术,强化标志管理和产品追溯。

(六)新型经营主体培育

1. 高素质农民培育

重点面向从事适度规模经营的农民,实施新型农业经营服务主体能力提升、种养加能手技能、返乡下乡者创业、乡村治理及社会事业发展带头人和农村实用人才带头人示范等培训,加快培养懂技术、善经营、会管理的高素质农民。鼓励有经验、有条件的农业企业、家庭农场和农民合作社参与实习实训等培训工作。

2. 新型农业经营主体高质量发展

支持县级以上农民合作社示范社和示范家庭农场改善生产条件,应用先进技术,提升规模化、绿色化、标准化、集约化生产能力,建设清选、包装、烘干等产地初加工设施,提高产品质量水平和市场竞争力。鼓励各地为农民合作社和家庭农场提供财务管理、技术指导等服务。鼓励有条件的地方依托龙头企业,带动农民合作社和家庭农场,形成农业产业化联合体。

3. 农业信贷担保服务

重点服务家庭农场、农民合作社、农业社会化服务组织、小微农业企业等农业适度规模经营主体。服务范围限定为农业生产及与其直接相关的产业融合项目,突出对粮食等重要农产品生产的支持。中央财政对政策性农担业务实行担保费用补助和业务奖补,支持省级农担公司降低担保费用和应对代偿风险,确保政策性农担业务贷款主体实际负担的担保费率不超过0.8%。

(七)农业资源保护利用

1. 草原生态保护补助奖励

在河北、山西、内蒙古、辽宁、吉林、黑龙江、四川、云南、西藏、甘肃、青海、宁夏、新疆13省（区）以及新疆生产建设兵团和北大荒农垦集团有限公司实施草原生态保护补助奖励政策，补奖资金用于支持实施草原禁牧、推动草畜平衡，有条件的地方可用于推动生产转型，提高草原畜牧业现代化水平。

2. 渔业发展补助

聚焦渔业资源养护、纳入国家规划的重点项目以及促进渔业安全生产等方面，重点支持建设国家级海洋牧场、现代渔业装备设施，以及国家级渔港经济区公益性基础设施更新改造和整治维护，开展集中连片内陆养殖池塘标准化改造和尾水治理，实施渔业资源调查养护和国际履约能力提升奖补等。支持实施渔业资源养护，继续在流域性大江大湖、界江界河、资源退化严重海域等重点水域开展渔业增殖放流，促进恢复或增加渔业种群的数量，改善和优化水域的渔业种群结构。

3. 长江流域重点水域禁捕退捕

开展长江禁捕退捕财政补助资金监督检查，推动资金落实到位、安全规范有效使用。强化长江禁捕退捕资金落实情况定期调度，督促指导地方做好资金保障等相关工作，巩固长江禁捕退捕取得成果。

4. 绿色种养循环农业试点

在畜牧养殖大省、粮食和蔬菜主产区、生态保护重点区域，选择基础条件好、地方政府积极性高的县（市、区），整县开展粪肥就地消纳、就近还田补奖试点，扶持一批企业（畜禽养殖企业除外）和社会化服务组织提供粪肥收集、处理、施用服务，以县为单位构建粪肥还田组织运行模式，带动县域内粪污基本还田，推动化肥减量，促进耕地质量提升和农业绿色发展。

5. 农作物秸秆综合利用试点

在全国范围内整县推进，坚持农用优先、多元利用，培育一批产业化利用主体，打造一批全量利用样板县。激发秸秆还田、离田、加工利用等各环节市场主体活力，探索可推广、可持续的秸秆综合利用技术路线、模式和机制。

6. 地膜回收利用

在内蒙古、甘肃和新疆支持100个县整县推进废旧地膜回收利用，鼓励其他地区自主开展探索。支持建立健全废旧地膜回收加工体系，建立经营主体上交、专业化组织回收、加工企业回收、以旧换新等多种方式的回收利用机制，并探索"谁生产、谁回收"的地膜生产者责任延伸制度。支持有条件地区集中开展适宜作物全生物可降解地膜替代和新疆棉区机械化回收农膜。

（八）农业防灾减灾

1. 农业生产救灾

中央财政对各地农业重大自然灾害及农业生物灾害的预防控制和灾后恢复生产工作给予适当补助。支持范围包括农业重大自然灾害预防及农业生物灾害防控所需的物资材料补助，恢复农业生产措施所需的物资材料补助，牧区抗灾保畜所需的储草棚（库）、牲畜暖棚和应急调运饲草料补助等。

2. 动物疫病防控

中央财政对动物疫病强制免疫、强制扑杀和养殖环节无害化处理工作给予补助。强制免疫补助经费主要用于开展口蹄疫、高致病性禽流感、小反刍兽疫、布病、包虫病等动物强制免疫疫苗（驱虫药物）采购、贮存、注射（投喂）以及免疫效果监测评价、人员防护等相关防控工作，以及实施和购买动物防疫服务等；大力推进强制免疫"先打后补"。国家在预防、控制和扑灭动物疫病过程中，对被强制扑杀动物的所有者给予补助，补助经费由中央财政和地方财政共同承担。国家对养殖环节病死猪无害化处理予以支持，由各地根据有关要求，结合当地实际，完善无害化处理补助政策，切实做好养殖环节无害化处理工作。

3. 农业保险保费补贴

在地方财政自主开展、自愿承担一定补贴比例基础上，中央财政对稻谷、小麦、玉米、棉花、马铃薯、油料作物、糖料作物、能繁母猪、奶牛、育肥猪、森林、青稞、牦牛、藏系羊和天然橡胶，以及稻谷、小麦、玉米制种保险给予保费补贴支持。扩大三大粮食作物完全成本保险和种植收入保险实施范围。继续开展中央财政对地方优势特色农产品保险奖补试点。

（九）农村人居环境整治

支持实施农村厕所革命整村推进财政奖补政策，分类有序推进农村厕所革命。充分发挥农民群众主体作用，加强农村改厕和农村生活污水治理统筹衔接，着力建立健全运行管护机制，切实提高农村改厕质量，务求长效管用。

第二节　农业法律法规

一、法的概念

法是由国家制定、认可并保证实施的，反映由特定物质生产条件所决定的统治阶级意志，以权利义务为内容，以确认、保护和发展统治阶级所期望的社会关系及社会秩序为目的的行为规范体系。

法的基本特征包括以下4个方面：一是调整人的行为或社会关系的规范；二是国家制定或认可，并具有普遍约束力的社会规范；三是以国家强制力保证实施的社会规范；四是规定权利和义务的社会规范。

广义的法律与法同义。狭义的法律专指全国人民代表大会（以下简称"全国人大"）和全国人民代表大会常务委员会（以下简称"全国人大常委会"）制定的法律规范。

二、法的表现形式及其分类

根据《中华人民共和国宪法》（以下简称《宪法》）和有关法律的规定，我国法律的主要形式有：《宪法》、法律、行政法规、地方性法规、自治条例和单行条例、行政规章、特别行政区的法、国际条约等。

对法律种类的划分，从不同角度有不同的划分方法。从法律的文字表现形式方面划分，可分为成文法和不成文法；从法律的适用范围方面划分，可分为普通法和特别法；从法律制定的主体方面划分，可分为国际法和国内法；从法律的内容方面划分，可分为实体法和程序法。

三、农业、农村法律体系框架构成

改革开放以来，依照《宪法》，我国在调整农民、农业和农村各类社会关系方面，已先后制定和修订了《中华人民共和国农业法》（以下简称《农业法》）等20多部法律、70多部行政法规以及相关的一系列法律法规。一个具有中国特色的农业、农村法律制度框架已初步形成，在"三农"方面基本做到了有法可依。

1. 从立法效力关系上进行界定

我国农业、农村法律体系框架构成可以分为5个部分。

（1）《农业法》 《农业法》作为农业基本法，主要就农业和农村经济的基本制度和农业发展的一些方向性问题进行较为原则的规定。

（2）专业法律 专业法律是就农业和农村经济中的特定经济关系或某个领域的基本问题进行规定的与《农业法》相配套的专门法律。

（3）行政法规 行政法规是为实施专业法律而制定的配套性

行政法规和专业法律没有或没有明确的具体规定。凡涉及全国性农业和农村经济中的重大具体问题或涉及重大方针、政策具体问题或涉及几个部门的具体问题，由国务院以行政法规加以规定。

（4）地方性法规　地方性法规是为保证《宪法》、法律和行政法规在本区域的有效实施和规范本区域农业和农村经济中的特殊经济关系或基本问题而制定的。

（5）部门规章（或称部门行政规章）和地方规章（或称地方行政规章）　部门规章在全国普遍适用，而地方规章则只适用本区域范围。

2. 从涉农关系上进行界定

农业、农村适用的法规体系框架可分为10个部分。

（1）农业基本法律制度　包括《农业法》。

（2）农产品生产与经营法律制度　包括《中华人民共和国农业技术推广法》《中华人民共和国种子法》《肥料登记管理办法》《农药管理条例》《饲料和饲料添加剂管理条例》《兽药管理条例》《农业机械安全监督管理条例》《中华人民共和国食品安全法》《中华人民共和国农产品质量安全法》《中华人民共和国动物防疫法》《中华人民共和国进出境动植物检疫法》《植物检疫条例》《种畜禽管理条例》《乳品质量安全监督管理条例》《中华人民共和国农民专业合作社法》《中华人民共和国合伙企业法》《中华人民共和国合同法》等。

（3）农业知识产权法律制度　包括《中华人民共和国专利法》《中华人民共和国植物新品种保护条例》《中华人民共和国商标法》《中华人民共和国反不正当竞争法》《地理标志产品保护规定》《农产品地理标志管理办法》等。

（4）农村土地承包与纠纷解决法律制度　包括《中华人民共和国物权法》《中华人民共和国农村土地承包法》《中华人民共和国农村土地承包经营纠纷调解仲裁法》等。

(5) 农业资源与环境保护法律制度 包括《中华人民共和国环境保护法》《中华人民共和国土地管理法》《中华人民共和国水法》《中华人民共和国渔业法》《中华人民共和国草原法》《中华人民共和国森林法》等。

(6) 农村金融、税收法律制度 包括《中华人民共和国保险法》《农业保险条例》《工伤保险条例》和我国税收法律制度中有关农业税收部分等。

(7) 农村法律教育制度 包括《中华人民共和国义务教育法》《中华人民共和国教师法》《教师资格条例》《幼儿园管理条例》等。

(8) 农民婚姻家庭继承法律制度 包括《中华人民共和国婚姻法》《中华人民共和国继承法》《中华人民共和国妇女权益保障法》等。

(9) 农村社会保障制度 包括《国务院关于开展新型农村社会养老保险试点的指导意见》《关于建立新型农村合作医疗制度的意见》等。

(10) 农村基层组织法律制度 包括《中华人民共和国村民委员会组织法》《中华人民共和国全国人民代表大会和地方各级人民代表大会选举法》《妇女联合会农村基层组织工作条例》《村民一事一议筹资筹劳管理办法》等。

第三节 农业政策与农业法规的关系

一、农业政策与农业法规的区别

依法治国,是党领导人民治理国家的基本方略,是发展社会主义市场经济的客观需要,是社会文明进步的重要标志,是国家长治久安的重要保障。党领导人民制定《宪法》和法律法规,并在《宪法》和法律范围内活动。依法治国把坚持党的领导、发扬人民民主和严格依法办事统一起来，从制度和法律上保证党的基本路线和基本方针的贯彻实施。

政策的法律化是社会主义法律的基本特征之一，也是任何法治国家法律的基本特征之一。法律是提升为国家意志的统治阶级的意志，是法律的本质特征。而统治阶级的意志，在上升为法律规范之前，就是表现为权力内容的政策。

实行依法治农是实施依法治国基本方略的重要组成部分，是推进农村政治文明建设的重要内容。我国是一个经济快速发展的转型国家，在转型时期法治建设的任务还很重，农业政策的调节作用还相当强大。

二、农业政策与农业法规的联系

党的农业政策指导社会主义农业法规的制定和实施，党的农业政策决定农业法律法规的性质、任务、内容和方向。法律法规是根据党的政策制定的，是党的政策的定型化、条文化、具体化。

法律法规是一种国家意志，具有普遍约束力。党的政策体现为法律法规后，就具有国家意志的属性，以权利和义务的形式表现出来，成为各种组织和全体公民必须遵守的行为规则。

法律法规具有国家强制力的属性，这就使党的农业政策的实施，不仅可以得到党的纪律保证，而且还可以得到国家强制力的保证。

法律法规具有稳定性，党的农业政策表现为农业法律法规，可以保持相对的稳定。

第二章 《中华人民共和国乡村振兴促进法》

实施乡村振兴是新时代做好"三农"工作的总抓手,是贯穿社会主义现代化国家建设全过程的一项历史性重大任务。《中华人民共和国乡村振兴促进法》(以下简称《乡村振兴促进法》)在"三农"工作重心历史性转向全面推进乡村振兴这样一个关键时刻出台,具有重要的里程碑意义,为新阶段全面推进乡村振兴、加快农业农村现代化提供了坚实的法治保障。

第一节 出台过程和重要意义

一、立法过程和有关考虑

民族要复兴,乡村必振兴。为保障乡村振兴战略的有效贯彻实施,落实2018年中央一号文件提出的"强化乡村振兴法治保障"的要求,十三届全国人大常委会将制定乡村振兴促进法列入立法规划。2019年1月,全国人大农业与农村委员会牵头组织国家发展改革委、农业农村部等部门成立《乡村振兴促进法》起草领导小组,启动乡村振兴促进法制定工作。起草组赴地方开展调研,通过多种途径深入听取地方政府、基层干部和农民群众的意见建议;广泛征求全国人大代表、中央和国务院有关部门、各省(区、市)人大、有关研究机构及专家的意见。经过深入分析研究,认真吸纳各方面意见,反复修改完善,形成了《乡村振兴促进法》(草案),并在2020年6月、12月先后提请十三届全国人大常委会第十九次、第二十四次会议进行了两次审议。2021年4月，《乡村振兴促进法》（草案）经第十三届全国人大常委会第二十八次会议三审，以出席常委会的168位组成人员166票同意、2票弃权的高票表决通过，国家主席习近平签发第七十七号主席令公布实施。

《乡村振兴促进法》是第一部以"乡村振兴"命名的基础性、综合性法律。与2018年中央一号文件中提出的"乡村振兴法"相比，法律名称中增加了"促进"二字，主要是经过前期立法调研和征求意见，考虑到乡村振兴涉及农业农村方方面面，短时间内难以通过立法对乡村振兴作出全面规范，现行《农业法》等涉农法律已经对农业农村主要方面作了规定，立法的着力点是把党中央关于实施乡村振兴的重大决策部署转化为法律规范，内容主要是倡导鼓励，着重点在促进，通过建立健全法律制度和政策措施，促进乡村全面振兴和城乡融合发展，不取代《农业法》等其他涉农法律。法律共10章74条，条文与各个涉农法律的规定有效衔接，同时立足乡村振兴实际需要，对其他法律规定不明确的作出补充性规定。

在调整范围和适用对象上，《乡村振兴促进法》规定，本法所称乡村，是指城市建成区以外具有自然、社会、经济特征和生产、生活、生态、文化等多重功能的地域综合体，包括乡镇和村庄等。这是我国第一次在法律中规定乡村的概念，将进一步强化全社会对乡村的认知和理解，突出乡村的特有价值和功能，同时也在法律规定中给各地实践操作留出一些尺度和空间，防止一些实际的乡村被遗忘或遗漏，确保促进乡村振兴的制度措施能够全面覆盖、不留死角。

此外，在起草审议过程中，不少意见反映，应当进一步细化实化有关内容，规定更加明确、刚性且管用的扶持措施，增强法律的针对性和约束力。考虑到乡村振兴是一个长期过程，不同阶段国情农情、内外环境可能发生变化，需要对具体政策措施加以适当调整；此外，在财政、税收、金融等方面，依据法律规定和中央有关要求，不宜也难以对扶持措施作出非常具体的规定。因此，本法有关扶持措施，按照"能具体尽量具体、难以具体的作出原则要求"的方式作出了相应规定。

二、重要意义

《乡村振兴促进法》是实施乡村振兴战略的重要保障。党的十九大以来，习近平总书记对实施乡村振兴战略作出一系列深刻阐述，党中央、国务院采取一系列重大举措推动落实，印发了《中国共产党农村工作条例》，制定了以乡村振兴为主题的中央一号文件，发布了《乡村振兴战略规划（2018—2022年）》，召开了全国实施乡村振兴战略工作推进会议，中央政治局就实施乡村振兴战略进行集体学习。《乡村振兴促进法》贯彻落实习近平总书记重要指示要求、党中央关于乡村振兴的重大决策部署，把乡村振兴的目标、原则、任务、要求等转化为法律规范，与2018年以来一号文件、《乡村振兴战略规划（2018—2022年）》、《中国共产党农村工作条例》等共同构建了实施乡村振兴战略的"四梁八柱"，而且是"顶梁柱"，进一步夯实了乡村振兴的制度体系，强化了走中国特色社会主义乡村振兴道路的顶层设计，夯实了良法善治的法律基础。

《乡村振兴促进法》是新阶段做好"三农"工作的重要抓手。脱贫攻坚取得胜利后，"三农"工作重心历史性地转向全面推进乡村振兴，对法治建设的需求也比以往更加迫切，更加需要有效发挥法治对农业农村高质量发展的支撑作用、对农村改革的引领作用、对乡村治理的保障作用、对政府职能转变的促进作用。从世界范围看，美国、法国、英国、德国、日本、韩国等发达国家在工业化和城镇化进程中，为了缩小城乡差距，都通过立法的方式加大农业农村发展制度供给，使本国农业农村现代化跟上了国家现代化步伐。制定《乡村振兴促进法》，把实践中行之有效的、可复制可推广的"三农"改革发展经验上升为法律规范，进一步保证政策的连续性、稳定性和权威性，举全党、全社会之力推进乡村振兴，加快农业农村现代化，为新阶段促进农业高质高效、乡村宜居宜业、农民富裕富足提供有力法治保障。

《乡村振兴促进法》是农业农村法律制度体系的重要成果。随着全面依法治国方略深入推进，我国农业法律体系逐步完善。党的十八大以来，农业农村部配合全国人大常委会先后出台了《中华人民共和国农村土地承包法》《中华人民共和国土地管理法》《中华人民共和国种子法》《中华人民共和国动物防疫法》《中华人民共和国长江保护法》《中华人民共和国生物安全法》等一批法律，目前正在制修订"粮食安全保障法"、《农产品质量安全法》《中华人民共和国畜牧法》《中华人民共和国渔业法》等法律。当前，农业农村现行有效法律22部、行政法规28部，部门规章140多部，涵盖农村基本经营制度、农业产业发展和安全、农业支持保护、农业资源环境保护等领域。《乡村振兴促进法》深入贯彻落实习近平法治思想和"三农"工作重要论述，总结提升"三农"法治实践，明确了各级政府及有关部门推进乡村振兴的职责任务，针对乡村产业、人才、文化、生态、组织等振兴中的重点难点问题提出了一揽子举措，并对建立考核评价、年度报告、监督检查等制度提出了具体要求，是农业农村法律制度体系完善的重要成果，标志着乡村振兴战略迈入有法可依、依法实施的新阶段。

第二节　主要内容

一、关于保障粮食和重要农产品供给

习近平总书记强调，粮食安全的弦要始终绷得很紧很紧，粮

食生产年年要抓紧。去年新冠肺炎疫情以来,世界各国都把粮食安全提高到国家战略安全的高度对待。法律中主要从5个方面进行规定。

一是把粮食安全战略纳入法治保障。围绕牢牢把住粮食安全主动权,地方各级党委和政府要扛起粮食安全的政治责任,《乡村振兴促进法》中明确,国家实施"以我为主、立足国内、确保产能、适度进口、科技支撑"的粮食安全战略。坚持"藏粮于地、藏粮于技",采取措施不断提高粮食综合生产能力,建设国家粮食安全产业带,确保谷物基本自给、口粮绝对安全。

二是为解决"两个要害"提供法律支撑。保障粮食安全,要害是种子和耕地。立足重要农产品种源自主可控的目标,法律中明确,国家加强农业种质资源保护利用和种质资源库建设,支持育种基础性、前沿性和应用技术研究,实施农作物和畜禽等良种培育、育种关键技术攻关,推进生物种业科技创新,鼓励种业科技成果转化和优良品种推广等。针对耕地这一粮食生产的"命根子",在《中华人民共和国土地管理法》《中华人民共和国基本农田保护条例》有关规定的基础上,法律针对近年来耕地非农化、非粮化的问题,进一步对农业内部用地作了严格规定,明确严格控制耕地转为林地、园地等其他类型农用地;同时,规定国家实行永久基本农田保护制度,建设并保护高标准农田,要求各省(区、市)应当采取措施确保耕地总量不减少、质量有提高,对保障耕地质量提出了新的更高要求。系列制度设计为稳数量、提质量提供了法治保障,实现坚决打赢种业翻身仗、牢牢守住18亿亩耕地红线的目标。

三是强化"三保",实现粮食和重要农产品有效供给。"三保"就是保数量、保多样、保质量。保数量就是要用稳产保供的确定性来应对外部环境的不确定性。保多样、保质量是满足消费者新阶段对丰富多样农产品需求的应有之义。法律规定,国家实行重要农产品保障战略,采取措施优化农业生产力布局,推进农业结构调整,发展优势特色产业,保障粮食和重要农产品有效供给和质量安全,并专门明确,分品种明确保障目标,构建科学合理、安全高效的重要农产品供给保障体系。

四是大力发展"三品一标",推进农业高质量发展。2020年年底的中央农村工作会议要求,深入推进农业供给侧结构性改革,推动品种培优、品质提升、品牌打造和标准化生产,也就是新"三品一标"。法律对推进"三品一标"、提升农产品的质量效益和竞争力作出明确规定,同时还对农业投入品使用作出限制要求,这既是保障增加优质绿色和特色农产品有效供给的现实需要,也是顺应和满足人民对美好生活新期待的具体行动。

五是对节粮减损作出安排。粮食节约是保障国家粮食安全的重要途径。法律规定,国家完善粮食加工、贮存、运输标准,提高粮食加工出品率和利用率,推动节粮减损,通过一手抓立法修规,一手抓标准体系,共同推进产业节粮减损,用科技、法治、引导等手段推动粮食全产业链各个环节减损,与《中华人民共和国反食品浪费法》进行衔接,遏制"舌尖上的浪费",共同推动全社会形成节约粮食、反对浪费的法治氛围。

二、关于乡村建设行动

党的十九届五中全会明确提出要实施乡村建设行动,"十四五"规划纲要作出专章部署,2021年的政府工作报告也予以突出强调。法律主要从4个方面作出了安排。

一是依法编制村庄规划,分类有序推进村庄建设。乡村建设必须在充分尊重农民意愿上,真正做到"为农民而建"。《乡村振兴促进法》明确要坚持因地制宜、规划先行、循序渐进,顺应村庄发展规律,按照方便群众生产生活、保持乡村功能和特色的原则,因地制宜安排村庄布局,依法编制村庄规划,分类有序推进村庄建设。与此同时，法律强调严格贯彻村民自治的要求，针对个别地方合村并居中损害农民利益的现象，要严格规范村庄撤并，严禁违背农民意愿、违反法定程序撤并村庄，与《中华人民共和国村民委员会组织法》等法律法规一起，构建依法保障村民在村庄建设中民主决策、民主管理权利的制度体系。

二是推动城乡基础设施互联互通。主要是基础设施建设。法律明确，地方政府要统筹规划、建设、管护城乡道路、垃圾污水处理、消防减灾等公共基础设施和新型基础设施，推动城乡基础设施互联互通。建立政府、村级组织、企业、农民各方参与的共建共管共享机制，全面改善农村水电路气房讯等设施条件，推动公共基础设施往村覆盖、向户延伸，既有利于生活方便，又有利于生产条件改善。

三是健全农村基本公共服务体系。主要是强化公共服务功能和县域综合服务能力，提升城乡公共服务均等化水平。法律在这方面明确，国家发展农村社会事业，促进公共教育、医疗卫生、社会保障等资源向农村倾斜；健全乡村便民服务体系，培育服务机构与服务类社会组织，增强生产生活服务功能；完善城乡统筹的社会保障制度，支持乡村提高社会保障管理服务水平，同时还要提高农村特困人员供养等社会救助水平，支持发展农村普惠型养老服务和互助型养老等。

四是保护传统村落。传统村落是乡土文化的缩影，是农业文化遗产和非物质文化遗产的重要载体。法律中对加强传统村落等保护作了专门规定，明确地方政府应当加强对历史文化名城名镇名村、传统村落和乡村风貌、少数民族特色村寨的保护，开展保护状况监测和评估，采取措施防御和减轻火灾、洪水、地震等灾害，鼓励农村住房设计体现地域、民族和乡土特色等，为乡村振兴中传统村落和文化的保护提供法治保障。

三、关于发展乡村产业

习近平总书记强调，产业兴旺是解决农村一切问题的前提。乡村产业根植于县域，以农业农村资源为依托，以农民为主体，以农村一二三产业融合发展为路径，地域特色鲜明、创业创新活跃、业态类型丰富、利益联结紧密，是提升农业、繁荣农村、富裕农民的产业。法律对发展乡村产业作了较详细的规定，主要体现在以下5个方面。

一是以农民为主体发展多形态特色的乡村产业。法律对乡村产业的特点作了原则性规定，明确要坚持以农民为主体，以乡村优势特色资源为依托，促进农村一二三产业融合发展。培育新型农业经营主体，促进小农户和现代农业发展有机衔接，强调各级政府应当支持特色农业、休闲农业、现代农产品加工业等发展，支持特色农产品优势区、现代农业产业园等的建设；同时规定发展乡村产业应当符合国土空间规划和产业政策、环境保护的要求，推动乡村产业依法有序、健康可持续发展，创造更多就业增收机会。

二是发展壮大农村集体经济。集体所有制经济是中国特有的经济形态，农村集体产权制度是具有中国特色的制度安排，是实现农民共同富裕的制度基础。法律规定，国家完善农村集体产权制度，增强农村集体所有制经济发展活力，促进集体资产保值增值，强调各级政府应当引导和支持农村集体经济组织发挥依法管理集体资产、合理开发集体资源、服务集体成员等方面的作用，保障农村集体经济组织的独立运营，将促进集体经济组织依法做优做强，更好地服务本集体及其成员，对推动农村改革发展、完善农村治理、保障农民权益具有重要意义。

三是促进一二三产业融合发展。这是新时代做好"三农"工作的重要任务，不仅事关农村产业发展和农民增收，而且会在更深层次上对整个国民经济发展中的要素流动、产业集聚、市场形态乃至城乡格局产生积极影响,为经济社会健康发展注入新动能。法律对促进农村一二三产业融合发展作出规定,明确要引导新型经营主体通过特色化、专业化经营,合理配置生产要素,促进乡村产业深度融合,推动建立现代农业产业体系、生产体系和经营体系,培育新产业、新业态、新模式,实现乡村产业高质量发展。

四是加强农业技术创新和科技推广。"十三五"时期,农业科技进步贡献率超过60%,比1996年的15.5%提高了44.5个百分点,农作物良种覆盖率稳定在96%以上,耕种收综合机械化率达到71%,但面临的挑战依然严峻,不少难题还需要抓紧破解。法律规定,支持育种基础性、前沿性和应用技术研究,实施关键技术攻关;构建以企业为主体、产学研协同的创新机制,健全产权保护制度,保障对农业科技基础性、公益性研究的投入;加强农业技术推广体系建设,促进建立有利于农业科技成果转化推广的激励机制和利益分享机制,将极大促进农业技术创新和推广。

五是构建农民收入稳定增长机制。农业农村工作,说一千道一万,增加农民收入是关键。法律明确规定,支持农民、返乡人员在乡村创业创新,促进农民就业;建立健全有利于农民收入稳定增长的机制,鼓励支持农民拓宽增收渠道,促进农民增加收入、支持农村集体经济组织发展,保障成员从集体经营收入中获得收益分配的权利;支持以多种方式与农民建立紧密型利益联结机制,让农民共享全产业链增值收益。通过构建农民增收长效机制,增强农民风险抵御能力,夯实农民就业和持续增收的基础。

四、关于乡村人才支撑

2021年年初,中共中央办公厅、国务院办公厅印发《关于加快推进乡村人才振兴的意见》,明确了推进乡村人才振兴的目标任务。法律设立专章规定了乡村人才振兴的法律制度，从以下5个方面对乡村人才振兴进行规定。

一是健全乡村人才体制机制。解决乡村人才短缺问题，需要从两个方面着手，既要培养留得住、用得上的本土人才，又要采取措施引导城市人才下乡，打通城乡人才培养交流通道，吸引各类人才投身乡村建设，推动乡村人才振兴。法律规定，健全乡村人才工作体制机制，培养本土人才，引导城市人才下乡，推动专业人才服务乡村，搭建社会工作和乡村建设志愿服务平台，支持和引导各类人才通过多种方式服务乡村振兴，为促进农业农村人才队伍建设指明了方向。

二是分类培育农村人才。乡村人才振兴需要瞄准乡村人才结构短板，全面培育农村教育、医疗、科技、文化、经营管理等方面的人才。法律明确，要加强农村教育工作统筹，持续改善农村学校办学条件，支持开展网络远程教育，保障和改善乡村教师待遇，提高乡村教师学历水平、整体素质和乡村教育现代化水平。同时，针对乡村医疗卫生人员的职业发展、待遇，以及建立医疗人才服务乡村的工作机制等方面作出了明确规定。此外，法律还规定培育农业科技人才、经营管理人才、法律服务人才、社会工作人才，加强乡村文化人才队伍建设，培育乡村文化骨干力量，有利于提高农村人才整体素质。

三是促进农业人才流动机制。城乡、区域、校地之间的人才流动可以为乡村发展带去资金、技术、信息等急需资源。法律规定，建立健全城乡、区域、校地之间人才培养合作与交流机制，建立鼓励各类人才参与乡村建设的激励机制，搭建社会工作和乡村建设志愿服务平台，为返乡入乡人员和各类人才提供必要的生产生活服务和相关福利待遇，鼓励高等学校、职业学校毕业生到农村就业创业，为加强农业人才交流提供了有力保障。

四是大力培养高素质农民。培育高素质农民是促进乡村人才振兴、破解"谁来种地"困境、加快农业科学化和现代化转型、保障国家粮食安全的重要举措。法律规定,加大农村专业人才培养力度,加强职业教育和继续教育,组织开展农业技能培训、返乡创业就业培训和职业技能培训,为培养有文化、懂技术、善经营、会管理的高素质农民和农村实用人才、创新创业带头人提供了法治保障。

五是加快培育新型农业经营主体。加快培育新型农业经营主体,加快形成以农户家庭经营为基础、合作与联合为纽带、社会化服务为支撑的立体式复合型现代农业经营体系,对于推进农业供给侧结构性改革、引领农业适度规模经营发展、带动农民就业增收、增强农业农村发展新动能具有十分重要的意义。法律规定,引导新型农业经营主体通过特色化、专业化经营,合理配置生产要素,促进乡村产业深度融合,为新型农业经营主体健康发展提供保障。

五、关于传承农村优秀传统文化

习近平总书记指出,文化自信,是更基础、更广泛、更深厚的自信。中华文明根植于农耕文化,乡村是中华文明的基本载体。法律从以下3个方面进行了具体规定。

一是加强农村社会主义精神文明建设,打造文明乡村。实施乡村振兴战略要物质文明和精神文明一起抓。乡风文明不仅是乡村振兴的重要内容,更是服务乡村全面振兴的有力保障。法律规定,开展新时代文明实践活动,加强农村精神文明建设,不断提高乡村社会文明程度,倡导科学健康的生产生活方式,普及科学知识,推进移风易俗,培育文明乡风、良好家风、淳朴民风,建设文明乡村。

二是丰富乡村文化生活。这是满足广大农民群众多方面、多层次精神文化产品需求,也是加快推进城乡公共文化服务均等化、不断满足广大农民群众文化的现实要求。法律规定,丰富农民文化体育生活,倡导科学健康的生产生活方式,健全完善乡村公共文化体育设施网络和服务运行机制,鼓励开展形式多样的农民群众性文化体育、节日民俗等活动,支持农业农村农民题材文艺创作,拓展乡村文化服务渠道,为农民提供便利可及的公共文化服务。

三是传承农耕文化。农耕文化承载着中华民族的历史记忆、生产生活智慧、文化艺术结晶和民族地域特色,维系着中华文明的根,寄托着中华各族儿女的乡愁,是极其宝贵的文化资源。法律规定,保护农业文化遗产和非物质文化遗产,挖掘优秀农业文化深厚内涵,弘扬红色文化,保护和传承好农耕文化,能让美好乡愁世世代代传承下去。

六、关于加强农村生态环境保护

农业是个生态产业,农村是生态系统的重要一环。良好生态环境是最公平的公共产品,是最普惠的民生福祉,是乡村发展的宝贵财富和最大优势。法律从以下3个方面提出了具体要求。

一是落实国家生态保护政策。党的十九大报告指出,加快生态文明体制改革,建设美丽中国。法律规定,健全重要生态系统保护制度和生态保护补偿机制,实施重要生态系统保护和修复工程,加强乡村生态保护和环境治理,绿化美化乡村环境,建设美丽乡村;实行耕地养护、修复、休耕和草原、森林、河流、湖泊休养生息制度。将国家生态保护政策制度化、法定化,是落实国家生态文明建设部署的重要体现。

二是治理农业面源污染。"十三五"期间,农业面源污染治理取得一定的成效,畜禽粪污综合利用率超过75%,农作物化肥农药施用量连续4年负增长。目前,治理农业面源污染还处在治存量、遏增量的关口。法律规定,推进农业投入品减量化、生产清洁化、废弃物资源化、产业模式生态化，推进农业投入品包装废弃物回收处理和农作物秸秆、畜禽粪污资源化利用，对超剂量、超范围使用农药、肥料等作出禁止性要求，为实现农业面源污染治理主要目标，提升农业绿色发展水平提供法律保障。

三是改善农村人居环境。这是实施乡村振兴战略的一场硬仗，事关全面建成小康社会，事关广大农民福祉，事关农村社会文明和谐。目前城乡环境治理水平差距依然较大，垃圾围村、污水横流、粪污遍地等"脏乱差"现象在部分地区还比较突出。法律规定，实施国土综合整治和生态修复，加强森林、草原、湿地等保护修复，开展荒漠化、石漠化、水土流失综合治理，持续改善乡村生态环境，承载着亿万农民群众对美好生活向往的需求。

七、关于加强基层组织和乡村社会治理体系建设

习近平总书记指出，要夯实乡村治理这个根基。2019年，中共中央办公厅、国务院办公厅印发《关于加强和改进乡村治理的指导意见》，提出到2035年乡村公共服务、公共管理、公共安全保障水平显著提高，党组织领导的自治、法治、德治相结合的乡村治理体系更加完善，乡村社会治理有效、充满活力、和谐有序，乡村治理体系和治理能力基本实现现代化。法律从以下5个方面进行了部署。

一是完善乡村社会治理体制和治理体系。这是乡村经济社会发展的必然要求，更是推进国家治理体系和治理能力现代化的重要方面。法律规定，建立健全党委领导、政府负责、民主协商、社会协同、公众参与、法治保障、科技支撑的现代乡村社会治理体制和自治、法治、德治相结合的乡村社会治理体系，建设充满活力、和谐有序的善治乡村。首次以法律的形式确定建设"三治结合"的乡村治理体系，为完善乡村社会治理体制和治理体系提

供了法律依据。

二是加强基层组织建设。组织振兴是乡村振兴的根本和保障。乡村振兴各项政策，最终还要靠农村基层组织来落实。法律规定，中国共产党农村基层组织，按照中国共产党章程和有关规定发挥全面领导作用，同时强调要加强乡镇、村"两委"组织和能力建设，包括农村社会组织、基层群团组织建设，发挥在团结群众、联系群众、服务群众等方面的作用，构建简约高效的基层管理体制，科学设置乡镇机构，健全农村基层服务体系等，夯实乡村治理基础。

三是充分发挥村民自治作用。村民自治是维系乡村秩序的稳定器，村民委员会是村民自我管理、自我教育、自我服务的基层群众性自治组织。法律明确，村民委员会、农村集体经济组织等应当在乡镇党委和村党组织的领导下，实行村民自治，维护农民合法权益并接受村民监督。同时，对乡镇人民政府指导支持农村基层群众性自治组织规范化、制度化建设，健全村民委员会民主决策机制和村务公开制度等作出规定，完善农村基层群众自治制度，增强村民自我管理、自我教育、自我服务、自我监督能力。

四是培养"一懂两爱"的农村干部队伍。建设一支政治过硬、本领过硬、作风过硬的乡村振兴干部队伍，既是中央部署的工作要求，也是基层实践的迫切需要。法律规定，建立健全农业农村工作干部队伍的培养、配备、使用、管理机制，选拔优秀干部充实到农业农村工作干部队伍，采取措施提高农业农村工作干部队伍的能力和水平，落实农村基层干部相关待遇保障，为建设懂农业、爱农村、爱农民的农业农村工作干部队伍作出了具体的制度安排。

五是健全矛盾纠纷调解机制。习近平总书记多次强调，要学习和推广"枫桥经验"，重视化解农村社会矛盾，确保农村社会稳定有序。法律对地方各级政府加强基层执法队伍建设、开展法治宣传教育和人民调解、健全乡村矛盾纠纷调处化解机制、推进法治乡村建设作出规定，为坚持和发展新时代"枫桥经验"，健全乡村矛盾纠纷化解和平安建设机制，将矛盾化解在基层，实现"小事不出村、大事不出乡"提供了重要机制保障。

八、关于城乡融合发展

乡村振兴要跳出乡村看乡村，必须走城乡融合发展道路。实现城乡融合发展是建设社会主义现代化国家的重要内容，也是实施乡村振兴战略的一项重大任务。党的十九大对建立健全城乡融合发展体制机制和政策体系作出重大决策部署。法律设立专章，从以下5个方面规定了城乡融合发展的重点任务。

一是以县域为着力点。城乡融合发展，县域是重要切入点和主要载体，也最有条件推进城乡基础设施和公共服务一体化建设发展。法律围绕破除城乡融合发展的体制机制障碍，推动公共资源在县域内实现优化配置，赋予县级更多资源整合使用的自主权，强化县城综合服务能力，对加快县域城乡融合发展作出规定，为各级政府整体筹划、一体设计、一并推进城镇和乡村发展，优化城乡产业发展、基础设施、公共服务设施等布局划出了重点。

二是科学有序统筹发展空间。法律规定，要协同推进乡村振兴战略和新型城镇化战略的实施，整体筹划城镇和乡村发展，强调要科学有序统筹安排生态、农业、城镇等功能空间，按照中共中央办公厅、国务院办公厅印发的《关于在国土空间规划中统筹划定落实三条控制线的指导意见》，严格生态保护红线、永久基本农田和城镇开发边界划定，推动城乡平等交换、双向流动，增强农业农村发展活力，促进农业高质高效、乡村宜居宜业、农民富裕富足。

三是鼓励社会资本下乡与农民利益联结。乡村振兴离不开社会资本的投入。《乡村振兴促进法》明确国家鼓励社会资本到乡村发展与农民利益联结型项目，鼓励城市居民到乡村旅游、休闲度假、养生养老等，同时对社会资本的投资和经营行为也作出了限制，规定不得破坏乡村生态环境，不得损害农村集体经济组织及其成员的合法权益，在明确鼓励方向、更好满足乡村振兴多样化投融资需求的同时，划出了社会资本投资的制度红线。农业农村部办公厅、国家乡村振兴局综合司及时修订发布了《社会资本投资农业农村指引（2021年）》，明确了现代种养业、乡村富民产业等13个鼓励投资的重点领域，引导社会资本投入乡村产业。

四是促进乡村经济多元化和农业全产业链发展。农村产业融合发展是基于技术创新或制度创新形成的产业边界模糊化和产业发展一体化现象，通过形成新技术、新业态、新商业模式，带动资源、要素、技术、市场需求在农村的整合集成和优化重组。法律规定，应当采取措施促进城乡产业协同发展，在保障农民主体地位的基础上健全联农带农激励机制，加快形成乡村振兴多元参与格局，实现乡村经济多元化和农业全产业链发展。

五是农民工就业与权益保障。农民工就业创业事关就业大局稳定、农民增收和脱贫攻坚成果巩固拓展。法律对农民工就业和权益保障作出了全方位制度安排，明确国家推动形成平等竞争、规范有序、城乡统一的人力资源市场，健全城乡均等的公共就业创业服务制度，强调各级人民政府及其有关部门应当全面落实城乡劳动者平等就业、同工同酬，依法保障农民工工资支付和社会保障权益。同时，法律规定，县级以上地方人民政府应当采取措施促进在城镇稳定就业和生活的农民自愿有序进城落户，推进城镇基本公共服务全覆盖。通过与《保障农民工工资支付条例》等相衔接，顺应农民进城务工的大趋势，加强权益维护和服务保障，解除农民工进城就业"后顾之忧"，用法治提升农民工群体获得感、幸福感、安全感。

九、关于扶持政策措施

加强对农业农村的支持保护,既是现代农业发展的必然要求,也是世界各国的通行做法和基本经验。法律从以下5个方面明确了关于扶持政策措施的主要内容。

一是健全农业支持保护制度。实施乡村振兴战略,必须解决钱从哪里来的问题,加大资金投入特别是财政支持保障。法律规定,国家建立健全农业支持保护体系和实施乡村振兴战略财政投入保障制度,按照增加总量、优化存量、提高效能的原则,构建以高质量绿色发展为导向的新型农业补贴政策体系;强调县级以上人民政府应当优先保障用于乡村振兴的财政投入,确保投入力度不断增强、总量持续增加。尽管没有对投入总量进行具体量化,但在定性上强调了财政投入要与乡村振兴目标任务相适应,提出了乡村振兴财政支撑保障的基本要求,有利于在法律框架下构建体现农业农村优先发展、覆盖全面、指向明确、重点突出、措施配套的农业支持保护制度。

二是强化金融资本支持。2019年,中国人民银行等5部门联合印发《关于金融服务乡村振兴的指导意见》,强调要聚焦重点领域,建立完善金融服务乡村振兴的市场体系、组织体系、产品体系,促进农村金融资源回流。法律就改进、加强乡村振兴的金融支持和服务作出规定,明确国家建立健全多层次、广覆盖、可持续的农村金融服务体系,健全多层次资本市场,发展并规范债券市场,完善政策性农业保险制度和金融支持乡村振兴考核评估机制,进一步强化财政出资设立的农业信贷担保机构、政策性金融机构、商业银行、农村中小金融机构、保险机构等各类主体服务乡村振兴责任,将依法推动金融保险机构把更多资源配置到乡村发展的重点领域和薄弱环节。

三是调整完善土地出让收入使用范围。针对土地出让收入用于农业农村的比例偏低问题，近几年的中央一号文件对调整完善土地出让收入使用范围、提高用于农业农村比例提出要求，2020年中共中央办公厅、国务院办公厅印发的《关于调整完善土地出让收入使用范围优先支持乡村振兴的意见》进一步明确，"十四五"期末各省（区、市）土地出让收益用于农业农村的比例要达到50%以上。法律将"按照国家有关规定调整完善土地使用权出让收入使用范围，提高农业农村投入比例"等固定下来，对高标准农田建设、现代种业提升、农村人居环境整治等土地出让收入重点使用领域作出详细规定，为确保土地出让收入取之于农、主要用之于农，增强用于支持乡村振兴提供了长效制度保障。

四是保障乡村振兴用地合理需求。农村土地问题既关系到乡村的产业发展，也关系到构建城乡一体的土地制度，关系到农村公共事业的发展。法律对盘活农村存量建设用地、激活农村土地资源作出安排，明确要完善农村新增建设用地保障机制，满足乡村产业、公共服务设施和农民住宅用地合理需求；规定建设用地指标应当向乡村发展倾斜，县域内新增耕地指标应当优先用于折抵乡村产业发展所需建设用地指标，并可以探索灵活多样的供地新方式。同时，与《中华人民共和国土地管理法》等进行衔接，在明确土地所有权人可以依法通过出让、出租等方式将集体经营性建设用地交由单位或者个人使用的基础上，增加了优先用于发展集体所有制经济和乡村产业的规定，对优化配置土地资源要素、保障乡村振兴用地合理需求提供了法律依据。

五是巩固拓展脱贫攻坚成果与乡村振兴有效衔接。脱贫摘帽是新生活、新奋斗的起点，毫不松懈抓好巩固拓展脱贫攻坚成果这个首要任务，关系到构建以国内大循环为主体、国内国际双循环相互促进的新发展格局，关系到全面建设社会主义现代化国家全局和实现第二个百年奋斗目标。法律规定，要做好巩固拓展脱贫攻坚成果同乡村振兴有效衔接，同时强调各级政府应当采取措施增强脱贫地区内生发展能力，建立农村低收入人口、欠发达地区帮扶长效机制，建立健全易返贫致贫人口动态监测预警和帮扶机制，为实现由集中资源支持脱贫攻坚向全面推进乡村振兴平稳过渡提供了制度保障。

十、关于监督检查

乡村振兴是一项复杂的系统工程，在发挥农民主体作用、鼓励社会各方力量积极参与的同时，要充分发挥政府的主导作用。在《乡村振兴促进法》中设立监督检查专章，有利于为全面实施乡村振兴战略提供有力的法治保障。

一是建立健全目标责任制和考核评价机制。法律第六十八条规定，国家实行乡村振兴战略实施目标责任制和考核评价制度，上级人民政府应当对下级人民政府实施乡村振兴战略的目标完成情况等进行考核，考核结果作为地方人民政府及其负责人综合考核评价的重要内容。在实践中，地方党委和人民政府承担促进乡村振兴的主体责任，县级以上地方人民政府应当以适当方式考核下级人民政府及其负责人完成乡村振兴目标的情况，将考核的结果作为综合考核的一项内容纳入日常的政府工作中，并且在推进乡村振兴过程中建立科学的目标责任制和考核评价体系，通过任务层层分解和考核督查问责，提高各级党委和人民政府的重视程度，减少不作为和慢作为，同时防止个别地区在推进过程中出现一刀切、乱作为等情况。

二是完善进展情况评估制度。法律要求国务院和省（区、市）人民政府有关部门建立反映乡村振兴进展的指标和统计体系，县级以上地方人民政府应当对本行政区域内乡村振兴战略实施情况进行评估，可以有效贯彻落实法律规定的各项具体工作，通过指数这一科学手段绘制乡村振兴蓝图，用以测度乡村振兴工作的进展程度以及发展水平，以发挥其"指挥棒"的作用。

三是实施报告制度和监督检查制度。请示报告制度是加强党和政府政治建设的重要制度措施，既是重要的政治纪律、组织纪律、工作纪律，也是重要的政治制度、组织制度、工作制度。《中华人民共和国地方各级人民代表大会和地方各级人民政府组织法》规定，县级以上的地方各级人民政府领导所属各工作部门和下级人民政府的工作，地方各级人民政府对本级人民代表大会和上一级国家行政机关负责并报告工作。《乡村振兴促进法》规定，县级以上人民政府发展改革、财政、农业农村、审计等部门按照各自职责对农业农村投入优先保障机制落实情况、乡村振兴资金使用情况和绩效等实施监督，各级政府统筹各部门乡村振兴工作，向人大和上级政府报告乡村振兴促进工作的具体情况，对下级政府工作开展情况进行考核并开展监督检查，对不履职和不能正确履职的政府及有关部门的工作人员依法追究责任。这既是贯彻落实《宪法》和相关法律的重要内容，也是乡村振兴工作顺利开展、严格责任落实、强化责任担当的重要组织保障。

第三节　全面贯彻实施

一、加强普法宣传，营造学法懂法用法氛围

学法知法是遵法守法用法的前提和基础。《乡村振兴促进法》明确规定，各级人民政府及其有关部门应当采取多种形式，广泛宣传乡村振兴促进相关法律法规和政策，鼓励、支持人民团体、社会组织、企事业单位等社会各方面参与乡村振兴促进相关活动。各级农业农村部门要把学习宣传贯彻《乡村振兴促进法》作为当前最重要的普法任务抓紧抓好，纳入部门"八五"普法规划，明确目标原则，突出重点任务，抓好组织实施，确保取得

实效。认真贯彻落实"谁执法谁普法"普法责任制,将《乡村振兴促进法》列入普法责任清单,广泛开展面向管理服务对象和社会公众的法治宣传,强化以案释法,用生动直观的形式推动农民群众自觉遵法学法守法用法。注重加强对党员干部的法治宣传教育,将《乡村振兴促进法》列入党委(党组)理论中心组学习重点内容,作为干部职工学法用法的重要内容和必修课程,增强运用法治思维和法治方式全面推进乡村振兴的能力。丰富《乡村振兴促进法》学习宣传方式,利用报刊、电视、广播和网站、微信公众号、微博、新闻客户端、直播平台等渠道,对《乡村振兴促进法》进行全方位、多层次、立体式宣传,推动干部群众深入理解法律核心要义和精神实质,准确把握法律的规定要求和各项措施,为全面推进乡村振兴、加快农业农村现代化营造良好的法治氛围。

二、加强配套制度建设,完善乡村振兴法律制度体系

要把《乡村振兴促进法》的规定和要求贯穿到"十四五"农业农村有关规划、政策和改革方案中,建立健全配套制度,加强粮食安全、种业和耕地、农业产业发展、农村基本经营制度、农业资源环境保护、农产品质量安全等重点领域立法,不断完善以《乡村振兴促进法》为统领,相关法律、法规、规划和政策文件为支撑的乡村振兴法律制度体系。积极推动"粮食安全保障法"和《中华人民共和国农产品质量安全法》《中华人民共和国畜牧法》《中华人民共和国渔业法》《中华人民共和国植物新品种保护条例》《生猪屠宰管理条例》等法律、行政法规的制修订,深入研究起草"农村集体经济组织法"。各地要结合乡村振兴战略实施,因地制宜加快有关农业农村方面的特色立法,发挥实施性、补充性、探索性作用,配套制定乡村振兴方面的地方性法规、规章,将法律确定的重要原则和要求等转化为可操作、能

考核、能落地的具体制度措施。要贯彻新发展理念，坚持科学立法、民主立法、依法立法，增强针对性、有效性、系统性，确保法律制度实用、管用、好用。

三、加强综合执法，打击涉农违法违规行为

法律的生命在于实施，执法队伍是法律实施的重要保障。各地要抓住《乡村振兴促进法》贯彻实施的有利时机，围绕农业综合行政执法机构设置到位、"三定"印发到位、人员划转到位、执法保障到位，进一步深化改革，加快构建权责明晰、上下贯通、指挥顺畅、运行高效、保障有力的农业综合行政执法体系。强化执法培训，建立健全部省市县四级培训体系，综合运用集中教学、线上教学、现场教学等形式，扩大培训覆盖面，增强培训效果。完善执法机构内部人才培养机制，省市两级选调执法骨干成立办案指导小组，指导基层执法人员尤其是新进执法人员提高办案水平。深入实施农业综合行政执法能力提升行动，积极组织执法练兵、执法技能竞赛、执法比武等活动，培养执法能手，着力打造革命化、正规化、专业化、职业化农业综合行政执法队伍。严格落实行政执法"三项制度"，建立健全跨区域农业执法协作联动机制、跨部门联合执法机制，强化农业综合行政执法机构与行业管理等机构的协作配合，形成执法监管合力。牢固树立以办案质量衡量执法成效的理念，重点围绕农资质量、农产品质量安全、品种权保护等领域，加大违法案件查处力度，定期通报典型案例，为全面推进乡村振兴提供有力的执法保障。

四、加强统筹协调，形成促进合力

《乡村振兴促进法》规定，国家建立健全中央统筹、省负总责、市县乡抓落实的乡村振兴工作机制，实行乡村振兴战略实施目标责任制和考核评价制度，要求各级人民政府应当将乡村振兴

促进工作纳入国民经济和社会发展规划，并建立乡村振兴考核评价制度、工作年度报告制度和监督检查制度。《乡村振兴促进法》还赋予各级农业农村部门对乡村振兴促进工作的统筹协调、指导和监督检查等重要职责，要求各级人民政府其他有关部门在各自职责范围内负责有关的乡村振兴促进工作。要按照中央关于五级书记抓乡村振兴的要求，加快形成上下贯通、各司其职、一抓到底的乡村振兴工作体系，把党对"三农"工作的领导落到实处。各级农业农村部门要依法全面认真履行法定职责，树牢法治思维，围绕《乡村振兴促进法》确定的重要原则、重大战略、重要制度，建立健全配套的政策体系、工作体系、责任体系，严格按照法律中产业发展、人才支撑、文化传承、生态保护、组织建设、城乡融合、扶持措施等要求，抓好规划统筹、实施指导、协调督促、考核评价等重点任务落实，形成推动乡村振兴的强大合力。

第三章 农产品质量安全法律制度

第一节 《中华人民共和国产品质量法》

《中华人民共和国产品质量法》（以下简称《产品质量法》）于1993年2月22日第七届全国人大常委会第三十次会议通过，根据2000年7月8日第九届全国人大常委会第十六次会议《关于修改〈中华人民共和国产品质量法〉的决定》第一次修正；根据2009年8月27日第十一届全国人大常委会第十次会议《关于修改部分法律的决定》第二次修正；根据2018年12月29日第十三届全国人大常委会第七次会议《关于修改〈中华人民共和国产品质量法〉等5部法律的决定》第三次修正。

该法主要对产品质量的管理责任单位进行了固化，明确了市场监督管理部门为产品质量的管理责任部门。

一、产品质量的定义

产品质量是指产品性能在正常使用条件下，满足合理使用用途要求所必须具备的物质、技术、心理和社会特性的总和。

《产品质量法》是调整产品的生产和销售以及对产品质量的监督管理等活动中所发生的社会关系的法律规范的总称。

二、适用范围

《产品质量法》所称的产品必须是经过加工、制作的物质产品，这就排除了表现为知识产权的精神产品，也排除了未经过加工制作的天然产品和初级农产品，如农、林、牧、渔产品等。

产品还应是用于销售的产品，即商品。加工、制作产品者具有营利的目的，纯为科学研究或纯为自己使用的产品不属于本法所称的产品。

建设工程不适用本法规定，但建设工程所使用的建筑材料、建筑构配件和设备，适用本法规定。而建设工程以外的不动产，仍属于本法所称的产品，如飞机、汽车等。其中，军工企业生产的民用产品适用本法的规定，但军工产品不适用本法。

三、适用的主体

《产品质量法》适用的主体是在我国境内从事产品生产、销售活动的公民、法人和其他组织。这说明，无论是国有企业、集体所有制企业、私营企业，还是个体工商户、合伙企业，都必须遵守《产品质量法》的规定。

四、我国产品质量监督机关

我国产品质量监督机关是国务院市场监督管理部门，主管全国产品质量监督工作。国务院有关部门在各自的职责范围内负责产品质量监督工作。县级以上地方市场监督管理部门主管本行政区域内的产品质量监督工作。县级以上地方人民政府有关部门在各自的职责范围内负责产品质量监督工作。法律对产品质量的监督部门另有规定的，依照有关法律的规定执行。

五、特点

《产品质量法》是一部综合性的法律规范，它调整的社会关系相当广泛。我国产品质量责任立法的重点不在于事后追究，而在于事前全面系统的监督管理。这种做法符合我国的基本国情，符合社会主义市场经济发展的要求,不仅是必要的,而且是可行的。这既有利于保护消费者利益,又避免了社会资源的浪费,是产品质量立法的重大发展。

第二节 《中华人民共和国农产品质量安全法》

一、出台背景

人们每天消费的食物,有相当大的部分直接来源于农业初级产品,即本法所称的农产品。农产品的质量安全状况如何,直接关系着人民群众的身体健康乃至生命安全。为了从源头上保障农产品质量安全,维护公众的身体健康,制定了《中华人民共和国农产品质量安全法》(以下简称《农产品质量安全法》),并于2006年11月1日开始施行。同期实施的相关配套规章制度还有《农产品产地安全管理办法》《农产品包装和标识管理办法》《农产品质量安全监测管理办法》《国务院关于加强食品等产品安全监督管理的特别规定》等,从而形成了较为健全的农产品质量安全领域的法律法规体系。

二、主要内容

《农产品质量安全法》涉及农产品调整的范围包括3个方面。一是产品范围。本法所指农产品是指来源于农业的初级产品,即在农业活动中获得的植物、动物、微生物及其产品。二是行为主体。既包括农产品的生产者和销售者,也包括农产品质量安全管理者和相应的检测技术机构和人员等。三是关于调整的管理环节问题。既包括产地环境、农业投入品的科学合理使用、农产品生产和产后处理的标准化管理,也包括农产品的包装、标识、标志和市场准入管理。

《农产品质量安全法》共分 8 章 56 条，涵盖了农产品从产地到市场的全过程。第一章总则，主要对立法目的、调整范围、管理体制、科研与推广、宣传引导等内容进行了规定。第二章农产品质量安全标准，对农产品质量安全标准体系的建立、标准制定、修订及组织实施等内容进行了规定。第三章农产品产地，对农产品产地安全管理、基地建设、产地要求及保护等内容进行了规定。第四章农产品生产，对农产品的生产技术规范进行规定。第五章农产品包装和标识，主要对农产品的包装标识、材料、无公害农产品和优质农产品质量标志等进行了规定。第六章监督检查，对市场准入、质量安全监测、社会监督、事故责任报告、责任追究等进行了规定。第七章法律责任，对各类违法行为应当如何处理与处罚进行了详细规定。第八章附则，对生猪屠宰管理和本法实施日期进行了规定。

三、亮点

1. 确立了 7 项基本制度

《农产品质量安全法》从我国农业生产的实际出发，针对保障农产品质量安全的主要环节和关键点，主要确立了 7 项基本制度：政府统一领导、农业主管部门依法监管、其他有关部门分工负责的农产品质量安全管理体制；农产品质量安全标准的强制实施制度；防止因农产品产地污染而危及农产品质量安全的农产品产地管理制度；农产品的包装和标识管理制度；农产品质量安全监督检查制度；农产品质量安全的风险分析、评估制度和农产品质量安全的信息发布制度；对农产品质量安全违法行为的责任追究制度。

2. 建立了农产品质量安全标准体系

农产品质量安全标准是农产品质量安全评价的重要依据，也是农产品质量安全管理的重要手段。为此，《农产品质量安全法》规定，国家引导、推广农产品标准化生产，鼓励和支持生产优质农产品，禁止生产、销售不符合国家规定的农产品质量安全标准的农产品。

3. 加强了农产品产地管理

《农产品质量安全法》第十六条规定，县级以上人民政府应当采取措施加强农产品基地建设，改善农产品的生产条件。县级以上人民政府农业行政主管部门应采取措施，推进保障农产品质量安全的标准化生产综合示范区、示范农场、养殖小区和无规定动植物疫病区的建设。

《农产品质量安全法》第十七条明确禁止在有毒有害物质超过规定标准的区域生产、捕捞、采集食用农产品和建立农产品生产基地。

4. 规范了农产品生产过程

《农产品质量安全法》规定了对农业投入品使用的管理和指导，建立健全农业投入品的安全使用制度。同时明确农产品生产企业和农产品专业合作经济组织应当建立农产品生产记录。

四、精神实质

《农产品质量安全法》构建了农产品质量安全管理的基本架构，内容丰富，体系完整。从"五个坚持"入手，准确把握《农产品质量安全法》的精神实质。

（1）坚持立足质量安全，提高农产品质量　要紧紧围绕保障农产品质量安全、维护公众健康、促进农业和农村经济发展的宗旨，积极引导、推广农产品标准化生产，鼓励和支持发展优质农产品，不断提升农产品的竞争力，推动农业增效、农民增收。

（2）坚持突出源头治理，加强全程监控　要在加强农产品产前、产中、产后全过程质量控制的基础上，把源头治理作为重点，加强对农产品生产源头的管理。严格按照法律要求，推进农业投入品许可制度的建立,加强对农业投入品使用的管理和指导,强化投入品的监督抽查,鼓励并督促生产者建立农产品生产记录。

(3)坚持严格市场准入,强化责任追究 根据法律确定的农产品市场准入要求,加强对农产品的监督抽查,防止和杜绝不符合法定情形的农产品上市销售。督促生产销售者按规定进行包装标识,建立健全进货检查验收和经营记录制度,督促农产品批发市场对进场销售的农产品进行检验检测,为实现农产品质量安全责任的可追溯打好基础。

(4)坚持区别不同主体,实行分类指导 按照引导与处罚相结合、重在引导的原则,对农户、农产品生产经营企业、农民专业合作经济组织、批发市场等不同的生产经营主体采取不同的管理措施。提高公众的农产品质量安全意识,积极引导农产品生产者、销售者加强质量安全管理,加强行业自律。督促农民专业合作经济组织和农产品行业协会建立质量安全管理制度,不断提高服务水平。

(5)坚持明确法定义务,落实行政责任 《农产品质量安全法》明确了各级政府及农业等有关部门在农产品质量安全管理中的责任和义务。各级农业部门要按照职责分工,制定生产技术要求和操作规程,开展农业环境监测,加强监督抽查和生产指导。要加强对《行政诉讼法》《国家赔偿法》等相关法律的学习,采取有力措施,坚决杜绝行政不作为,切实承担起法律规定的职责。

五、全面贯彻实施

由于部分生产者重效益、轻质量,农产品产地环境污染,违规使用农业投入品等导致了很多质量问题,瘦肉精、毒韭菜、毒豆芽等农产品质量安全问题层出不穷,在社会上引起了很大的反响。所以，如何更好地贯彻实施《农产品质量安全法》，提高农产品生产经营者的质量安全意识、规范农业投入品的使用、加大农产品质量监测力度、强化行政部门的监管职责等尤为重要。

一是开展不同层级的宣传教育活动，提高农产品生产经营者自律意识、行政主体的责任意识、消费者的食品安全意识。

二是提高农产品质量安全监管能力。健全各级执法监管体系，强化执法能力，加快农产品质量安全信用体系建设等。

三是做好各部门的协调配合。厘清《农产品质量安全法》的调整范围，明确各行政部门之间的监管职责，做好部门之间协调配合工作。

四是强化农业行政执法人员、装备、经费等方面的保障力度。

五是推进农产品质量标准体系、农业标准化生产示范体系及农产品质量认证和检测体系三大体系的建设工作。

第三节　《中华人民共和国食品安全法》

《中华人民共和国食品安全法》（以下简称《食品安全法》）是为了保证食品安全、保障公众身体健康和生命安全而制定的法律，自 2009 年 2 月 28 日第十一届全国人大常委会第七次会议通过，于 2015 年进行了修订，并于 2018 年、2021 年分别进行了修正。

一、《食品安全法》修订背景

原《食品安全法》对规范食品生产经营活动、保障食品安全发挥了重要作用，食品安全整体水平得到提升，食品安全形势总体稳中向好。与此同时，我国食品安全违法生产经营现象依然存在，食品安全事件时有发生，监管体制、手段和制度等尚不能完全适应食品安全需要，法律责任偏轻、重典治乱威慑作用没有得到充分发挥，食品安全形势依然严峻。党的十八大以来，党中央、国务院进一步改革完善我国食品安全监管体制，着力建立最严格的食品安全监管制度，积极推进食品安全社会共治格局，为了以法律形式固定监管体制改革成果、完善监管制度机制，解决当前食品安全领域存在的突出问题，以法治方式维护食品安全，为最严格的食品安全监管提供体制制度保障，修改《食品安全法》被立法部门提上日程。新修订的《食品安全法》历经全国人大常委会第九次会议、第十二次会议两次审议，三易其稿后终获通过，并于2015年10月1日起施行。

二、《食品安全法》的新理念

新修订的《食品安全法》实行"预防为主、风险管理、全程控制、社会共治"。对违法者，它设立了安全红线；对执法者，它严格了执法程序；对食品安全新常态，它增添了网购、婴幼儿食品、保健品、转基因食品、添加剂等领域的新规定，影响到每个人的现实生活。从田间到餐桌，从企业到行业协会，从媒体监督到消费者举报，每个人其实都是食品安全的责任人。

新修订的《食品安全法》共10章，包括总则、食品安全风险监测和评估、食品安全标准、食品生产经营、食品检验、食品进出口、食品安全事故处置、监督管理、法律责任和附则。

三、《食品安全法》的亮点

新修订的《食品安全法》对保健食品、网络食品交易、食品添加剂等当前食品监管中存在的难点问题都有涉及，让损害消费者利益的商家承担连带责任，这些都是新修订的《食品安全法》的最大亮点。

1. 突出"严"字

《食品安全法》修改力度非常大，原来 104 条，现在足足增加了 50 条，变成 154 条。主要从 8 个方面强化了制度构建。

第一，完善统一权威的食品安全监管机构，由分段监管变成食药监部门统一监管。

第二，建立最严格的全过程监管制度，对食品生产、流通、餐饮服务和食用农产品销售等各个环节，都进行了细化和完善。

第三，更加突出预防为主、风险防范，对食品安全风险监测、风险评估这些食品安全中最基础的制度进行了进一步的完善。

第四，实行食品安全社会共治，充分发挥各个方面，包括媒体、广大消费者在食品安全治理中的作用。

第五，突出对特殊食品的严格监管，明确规定对保健食品、特殊医学用途配方食品、婴幼儿配方食品实行注册制度。

第六，加强对农药的管理，禁止剧毒农药用于果蔬茶叶，鼓励使用高效低毒低残留的农药。

第七，加强对食用农产品的管理，将食用农产品的市场销售纳入《食品安全法》的调整范围。

第八，建立最严格的法律责任制度，进一步加大违法者的违法成本。

2. 突出"罚"字

第一，强化了食品安全刑事责任的追究。对违法行为的查处，新修订的《食品安全法》首先要求执法部门对违法行为进行判断，如果构成犯罪，直接由公安部门进行侦查，追究刑事责任。如果不构成犯罪，才由行政执法部门进行行政处罚。同时还规定，因食品安全犯罪被判处有期徒刑以上刑罚的，终身不得从事食品生产经营的管理工作。

第二，大幅度提高了行政罚款的额度。比如对生产经营添加药品的食品、生产经营营养成分不符合国家标准的婴幼儿配方乳粉等违法行为，《食品安全法》过去规定，最高可以处罚货值金额 10 倍的罚款，但是新修订的《食品安全法》规定最高可以处罚货值金额 30 倍，处罚的幅度有大幅度的提高。

第三，对重复的违法行为增设了处罚的规定。针对多次、重复被罚而不改正的问题，新修订的《食品安全法》要求食品药品监管部门对在一年内累计 3 次因违法受到罚款、警告等行政处罚的食品生产经营者，给予责令停产停业直至吊销许可证的处罚。

第四，对非法提供场所的行为增设了处罚。为了加强源头监管、全程监管，对明知从事无证生产经营或者从事非法添加非食用物质等违法行为，仍然为其提供生产经营场所的行为，食品药品监管部门也要进行处罚。

第五，强化消费者对转基因食品的知情权，生产经营转基因食品应当在显著位置标示，未按规定进行标示、情况严重的责令停产停业，直至吊销许可证。

第六，强化民事法律责任的追究。实行首负责任制，要求接到消费者赔偿请求的生产经营者应当先行赔付，不得推诿，消费者在法定情况下可以要求 10 倍价款或者 3 倍损失的惩罚性赔偿金。

3. 突出"管"字

第一，实行风险分级管理，监管部门根据食品安全风险监测、评估结果等确定监管重点、方式和频次，实施风险分级管理。

第二，完善复检制度，对检验结论有异议的，食品生产经营者可以自收到检验结论之日起 7 个工作日提出申请复检。

第三，增设临时限量和临时检验方法制度，对有证据证明食品存在安全隐患但食品安全标准未作相应规定的，相关部门可规定食品中有害物质的临时限量值和临时检验方法。

第四,增设生产经营者自查制度,食品生产经营企业应定期自查食品安全状况,发现有发生食品安全事故潜在风险的,立即停止生产经营并向监管部门报告。

第五,增设责任约谈制度,食品生产者未及时采取措施消除安全隐患的,监管部门可对其负责人进行责任约谈,监管部门未及时消除的,本级政府可对其主要负责人进行责任约谈,地方政府未履行食品安全职责的,未及时消除地域性重大食品安全隐患的,上级政府可以对其主要负责人进行责任约谈。

4. 突出"治"字

新修订的《食品安全法》,充分体现了全社会协同共治的大思路。除了强调经营者和行政部门的责任、职权,也非常重视社会组织、新闻媒体乃至消费者个人的作用。

在新修订的《食品安全法》中,提到食品行业协会应当加强行业自律,按照章程建立健全行业规范和奖惩机制,提供食品安全信息、技术等服务,引导和督促食品生产经营者依法生产经营,推动行业诚信建设,宣传、普及食品安全知识。消费者协会和其他消费者组织对违反本法规定、损害消费者合法权益的行为,依法进行社会监督。此外,新闻媒体应当开展食品安全法律、法规以及食品安全标准和知识的公益宣传,并对食品安全违法行为进行舆论监督。有关食品安全的宣传报道应当真实、公正。

同时,新修订的《食品安全法》明确指出,县级以上的人民政府监督管理部门应当公布本部门的电子邮件地址或者电话,接受咨询、投诉、举报。接到咨询、投诉、举报,对属于本部门职责的,应当受理并在法定期限内及时答复、核实、处理;对不属于本部门职责的,应当移交有权处理的部门并书面通知咨询、投诉、举报人。有权处理的部门应当在法定期限内及时处理,不得推诿。对查证属实的举报,给予举报人奖励。

5. 食品添加剂不允许随便生产

正确添加使用食品添加剂,并不会对人体造成危害,也更有利于食品的存储和加工。而当前,让普通民众较为担心的问题是,一些不法商家往往违法使用工业原料、化工用品进行食品加工,或是在使用食品添加剂时,超量添加。这些行为,都会对人体造成不同程度的伤害。

新修订的《食品安全法》第三十九条明确提出,要对食品添加剂生产实行许可制度。从当前来看,我国只针对食品生产、经营设立了许可制度,没有为食品添加剂生产设立专门的许可制度,这一新增制度很有必要。目前生产食品添加剂的企业,既有按照标准生产的合法企业,也有一些企业乃至小作坊,完全不按照相关标准生产,市场上的食品添加剂也良莠不齐,因此新修订的《食品安全法》对食品添加剂的生产环节进行控制。

6. 网上食品交易更加规范

新修订的《食品安全法》第六十二条明确指出,网络食品交易第三方平台提供者应当对入网食品经营者进行实名登记。

此前的《食品安全法》对食品网上交易并未涉及。发生纠纷时,由于责任主体确定困难,多数参照地方政府部门制定的一些条例来处置。而新修订的《食品安全法》有了明确的说法。它强调了第三方平台的责任,不仅要审查许可证,对违法商户还要及时制止、报告、停止服务,这会促使第三方平台加强审核。第三方平台主动监管是个途径,消费者的举报也是个途径。消费者向第三方平台举报入网经营者有违法行为并有确切证据时,第三方平台应该进行调查,并承担起法律规定的义务。

新修订的《食品安全法》实施后,网购各方的法律责任更明确,消费者维权难度降低,可避免被"踢皮球"的尴尬。比如消费者网购的食品有问题,在无法找到经营者的情况下,可以要求第三方交易平台先赔偿，不但可以要求赔偿食品本身的价钱，还可以要求赔偿受到的损失等费用。

7. 加大对保健食品监管力度，要求标签要写明成分含量

新修订的《食品安全法》第七十八条指出，保健食品的标签、说明书不得涉及疾病预防、治疗功能，内容应当真实，与注册或者备案的内容相一致，载明适宜人群、不适宜人群、功效成分或者标志性成分及其含量等，并声明"本品不能代替药物"。保健食品的功能和成分应当与标签、说明书相一致。

8. 婴幼儿奶粉实行与药品等同的管理制度

面对公众所关心的国内婴幼儿食品安全等问题，新修订的《食品安全法》第八十一条规定，婴幼儿配方食品生产企业应当实施从原料进厂到成品出厂的全过程质量控制，对出厂的婴幼儿配方食品实施逐批检验，保证食品安全。

生产婴幼儿配方食品使用的生鲜乳、辅料等食品原料、食品添加剂等，应当符合法律、行政法规的规定和食品安全国家标准，保证婴幼儿生长发育所需的营养成分。

婴幼儿配方食品生产企业应当将食品原料、食品添加剂、产品配方及标签等事项向省（区、市）人民政府的食品药品监督管理部门备案。

婴幼儿配方乳粉的产品配方应当在国务院食品药品监督管理部门注册。注册时，应当提交配方研发报告和其他表明配方科学性、安全性的材料。

不得以分装方式生产婴幼儿配方乳粉，同一企业不得用同一配方生产不同品牌的婴幼儿配方乳粉。

9. 果蔬茶药，禁止使用剧毒、高毒农药

在农药管理上，新修订的《食品安全法》第四十九条明确规定，食用农产品生产者应当按照食品安全标准和国家有关规定使用农药、肥料、兽药、饲料和饲料添加剂等农业投入品，严格

执行农业投入品使用安全间隔期或者休药期的规定，不得使用国家明令禁止的农业投入品。禁止将剧毒、高毒农药用于蔬菜、瓜果、茶叶和中草药材等国家规定的农作物。

10. 转基因产品应按规定标识

转基因食品存在着标识字体小，消费者难以辨识、极易混淆的情况，有些厂家生产转基因食品还故意不标示。针对转基因食品标识规范等问题，新修订的《食品安全法》第六十九条规定，生产经营转基因食品应当按照规定显著标示。第一百二十五条规定，若生产经营转基因食品未按规定进行显著标示，相关部门可以没收违法所得和违法生产经营的食品、食品添加剂，并可以没收用于违法生产经营的工具、设备、原料等物品，最高可处货值金额 5 倍以上 10 倍以下罚款；情节严重的，责令停产停业，直至吊销许可证。

第四章 农业生产资料管理

第一节 种子管理

一、种子的概念

2021年12月24日,第十三届全国人大常委会第三十二次会议通过了关于修改《中华人民共和国种子法》(以下简称《种子法》)的决定,自2022年3月1日起施行。

《种子法》第二条规定,本法所称种子,是指农作物和林木的种植材料或者繁殖材料,包括籽粒、果实、根、茎、苗、芽、叶、花等。《种子法》所称的种子不仅是常见的用于播种的籽粒,还包括育苗移栽、扦插、嫁接、压条等所用的繁殖材料。玉米、小麦、大豆是种子。葡萄枝、白薯块根、土豆块茎、大蒜头、辣椒秧、番茄苗等都是种子。

二、种子的生产经营

1. 商品种子生产经营实行许可制度

我国主要农作物和主要林木的商品种子生产经营实行许可制度。

从事种子进出口业务的种子生产经营许可证,由国务院农业农村、林业草原主管部门核发。国务院农业农村、林业草原主管部门可以委托省(区、市)人民政府农业农村、林业草原主管部门接收申请材料。

从事主要农作物杂交种子及其亲本种子、林木良种繁殖材料生产经营的，以及符合国务院农业农村主管部门规定条件的实行选育生产经营相结合的农作物种子企业的种子生产经营许可证，由省（区、市）人民政府农业农村、林业草原主管部门核发。

除上述两种规定以外的其他种子的生产经营许可证，由生产经营者所在地县级以上地方人民政府农业农村、林业草原主管部门核发。

2. 不需要办理种子生产经营许可证的情况

只从事非主要农作物种子和非主要林木种子生产的，不需要办理种子生产经营许可证。

农民个人自繁自用的常规种子有剩余的，可以在当地集贸市场上出售、串换，不需要办理种子生产经营许可证。这主要是照顾到农民自留种没有用完的情况，并且需要同时具备以下 5 个条件：第一，主体是农民，不是企业或者其他人或者经济组织；第二，是自己繁殖的，从别处买来的不算；第三，是自己使用剩下的，不是其他用途的，比如专门生产的种子或者为其他企业制种的种子不行；第四，是常规种子，不是杂交种子，如常规小麦可以，杂交玉米不行；第五，在集贸市场出售、串换可以，在种子店销售或者委托种子店销售不行。

种子生产经营许可证的有效区域由发证机关在其管辖范围内确定。种子生产经营者在种子生产经营许可证载明的有效区域设立分支机构的，专门经营不再分装的包装种子的，或者受具有种子生产经营许可证的种子生产经营者以书面委托生产、代销其种子的，不需要办理种子生产经营许可证，但应当向当地农业农村、林业草原主管部门备案。实行选育生产经营相结合，符合国务院农业农村、林业草原主管部门规定条件的种子企业，其生产经营许可证的有效区域为全国。

3. 申请领取种子生产经营许可证的条件

申请取得种子生产经营许可证的,应当具有与种子生产经营相适应的生产经营设施、设备及专业技术人员,以及法规和国务院农业农村、林业草原主管部门规定的其他条件。

从事种子生产的,还应当同时具有繁殖种子的隔离和培育条件,具有无检疫性有害生物的种子生产地点或者县级以上人民政府林业草原主管部门确定的采种林。

申请领取具有植物新品种权的种子生产经营许可证的,应当征得植物新品种权所有人的书面同意。

4. 种子生产经营许可证的使用

种子生产经营许可证应当载明生产经营者名称、地址、法定代表人、生产种子的品种、地点和种子经营的范围、有效期限、有效区域等事项。事项发生变更的,应当自变更之日起30日内,向原核发许可证机关申请变更登记。

除《种子法》另有规定外,禁止任何单位和个人无种子生产经营许可证或者违反种子生产经营许可证的规定生产、经营种子。禁止伪造、变造、买卖、租借种子生产经营许可证。

5. 种子生产的要求

种子生产应当执行种子生产技术规程和种子检验、检疫规程,保证种子符合净度、纯度、发芽率等质量要求和检疫要求。

县级以上人民政府农业农村、林业草原主管部门应当指导、支持种子生产经营者采用先进的种子生产技术,改进生产工艺,提高种子质量。

在林木种子生产基地内采集种子的,由种子生产基地的经营者组织进行,采集种子应当按照国家有关标准进行。

禁止抢采掠青、损坏母树,禁止在劣质林内、劣质母树上采集种子。

6. 种子生产经营应遵守的规定

销售的种子应当加工、分级、包装，但是不能加工、包装的除外。

大包装或者进口种子可以分装；实行分装的，应当标注分装单位，并对种子质量负责。

销售的种子应当符合国家或者行业标准，附有标签和使用说明。标签和使用说明标注的内容应当与销售的种子相符。种子生产经营者对标注内容的真实性和种子质量负责。

标签应当标注种子类别、品种名称、品种审定或者登记编号、品种适宜种植区域及季节、生产经营者及注册地、质量指标、检疫证明编号、种子生产经营许可证编号和信息代码，以及国务院农业农村、林业草原主管部门规定的其他事项。

销售授权品种种子的，应当标注品种权号。

销售进口种子的，应当附有进口审批文号和中文标签。

销售转基因植物品种种子的，必须用明显的文字标注，并应当提示使用时的安全控制措施。

种子生产经营者应当遵守有关法律、法规的规定，诚实守信，向种子使用者提供种子生产者信息、种子的主要性状、主要栽培措施、适应性等使用条件的说明、风险提示与有关咨询服务，不得作虚假或者引人误解的宣传。

任何单位和个人不得非法干预种子生产经营者的生产经营自主权。

三、种子使用

种子使用者有权按照自己的意愿购买种子，任何单位和个人不得非法干预。

种子使用者因种子质量问题或者因种子的标签和使用说明标注的内容不真实，遭受损失的，种子使用者可以向出售种子的经营者要求赔偿，也可以向种子生产者或者其他经营者要求赔偿。赔偿额包括购种价款、可得利益损失和其他损失。属于种子生产者或者其他经营者责任的，出售种子的经营者赔偿后，有权向种子生产者或者其他经营者追偿；属于出售种子的经营者责任的，种子生产者或者其他经营者赔偿后，有权向出售种子的经营者追偿。

因使用种子发生民事纠纷的，当事人可以通过协商或者调解解决。当事人不愿通过协商、调解解决或者协商、调解不成的，可以根据当事人之间的协议向仲裁机构申请仲裁。当事人也可以直接向人民法院起诉。

四、种子质量

1. 种子质量的概念

种子质量包括两个方面：一是种子的品种属性，二是种子的播种品质。品种属性指品种纯度、丰产性、抗逆性、早熟性、产品的优质性及良好的加工工艺品质等。播种品质是指种子的充实饱满度、净度、发芽率、水分、活力及健康度等。高质量的种子应当兼有优良的品种属性和良好的播种品质，缺一不可。

种子质量指标是指生产商承诺质量达到的指标，按品种纯度、净度、发芽率、水分指标标注。国家或地方种子质量有标准的，生产商承诺的指标不能够低于规定的标准。

种子质量标准对种子的要求并不包括种子质量的全部内容，在我国只是种子的纯度、净度、水分、发芽率 4 项指标。因此，符合种子质量标准的种子（即合格种子）并不证明种子没有质量问题，特别是一些很重要的品种属性如丰产性、适应性、抗逆性及健康状况等没有在种子质量标准中体现。

2. 种子企业承担的质量义务

①禁止生产、经营假、劣种子。

②进口商品种子的质量，应当达到国家标准或者行业标准。没有国家标准或者行业标准的，可以按照合同约定的标准执行。

③销售的种子应当附有标签和使用说明。标签应当标注种子类别、品种名称、品种审定或者登记编号、品种适宜种植区域及季节、生产经营者及注册地、质量指标、检疫证明编号、种子生产经营许可证编号和信息代码或者进口审批文号等事项。标签和使用说明标注的内容应当与销售的种子相符。销售进口种子的，应当附有中文标签。

④商品种子生产经营者应当建立和保存包括种子来源、产地、数量、质量、销售去向、销售日期和有关责任人员等内容的生产经营档案，保证可追溯。种子生产经营档案的具体载明事项、种子生产经营档案及种子样品的保存期限由国务院农业农村、林业草原主管部门规定。

3. 假种子

以非种子冒充种子或者以此种品种种子冒充他种品种种子的；种子种类、品种与标签标注的内容不符或者没有标签的。

4. 劣种子

包括质量低于国家规定标准的；质量低于标签标注指标的；带有国家规定的检疫性有害生物的。

五、种子进出口管理

1. 进出口种子需要经过审批

无论进口种子，还是出口种子，无论进口生产用种，还是进口试验用种子，都要经过农业农村、林业草原主管部门审批。未经批准，不得进口和出口。经批准的，农业农村、林业草原主管部门会给予相应的进口或出口批准文号。

2. 进口种子质量有严格要求

进口商品种子的质量，应当达到国家标准或者行业标准。没有国家标准或者行业标准的，可以按照合同约定的标准执行。

进口商品种子的质量由进口单位负责。

禁止进出口假、劣种子以及属于国家规定不得进出口的种子。

3. 进口种子应当附有中文标签

进口商品种子在国内销售，应当附有中文标签。

中文标签上应当标明进口商名称、种子进出口贸易许可证书编号和进口种子审批文号。

4. 为境外制种繁殖的种子不得在国内销售

对外制种是指国内企业受国外企业的委托，在中国境内生产种子，并将生产的种子出口到国外。

受托制种企业不得在国内销售，具体从事为境外制种生产的农民也绝不能因为是"洋种子"，觉得新鲜、稀奇或者其他原因，私自销售，或者私自送给亲朋好友等。

第二节　肥料和农药登记管理

一、肥料登记管理

（一）肥料登记

肥料登记包括临时登记、正式登记、续展登记等类型。

1. 临时登记所需资料

临时登记是指经田间小区试验后，需要进行田间示范试验、试销的肥料产品，生产者应当申请临时登记。

复混肥料、掺混肥料、有机-无机复混肥料、有机肥料登记需要提供一式2份资料，其他肥料登记需要提供一式3份资料，所有资料均需要加盖申请者的公章。临时登记需要提交如下材料。

①肥料临时登记申请书（国家化肥质量监督检验中心网站下载）。

②工商注册证明文件复印件（工商机关颁发的具有独立法人资格的肥料生产者的营业执照），经营范围应当包括肥料或土壤调理剂等生产。

③生产许可证复印件（仅限复混肥料、掺混肥料、有机-无机复混肥料）。

④商标注册证明复印件商标注册为非强制性法律文本，但建议生产者申请商标注册，如未注册，可不提供。

⑤肥料产品的执行标准复印件（执行国家标准、行业标准的除外）。产品的执行标准分为国家标准、行业标准、企业标准。有国家标准和行业标准的，产品的企业标准中各项技术指标原则上不得低于国家标准和行业标准的要求。企业标准必须向所在地标准化行政主管部门备案。企业标准必须提供产品各项技术指标的详细分析方法，包括原理、试剂和材料、仪器设备、分析步骤、分析结果的表述、允许差等内容。分析方法引用相关国际标准、国家标准、行业标准，要注明引用标准号及具体引用条款。

⑥生产企业的基本情况资料。

⑦产品及生产工艺概述。

⑧产品使用说明书。

⑨产品包装标识样式。

⑩产品合格证样式。

⑪技术负责人简介（仅限微生物肥料）。

⑫肥料效应小区田间试验报告、田间试验肥料的样品检测报告。

⑬生产企业生产质量保证、生产控制条件考核合格表。

⑭经办人身份证复印件。

⑮肥料样品抽样检测报告。

⑯承诺申明（仅限水溶肥料，承诺申请登记的水溶肥料产品没有添加植物生长调节剂等农药成分）。

2. 正式登记所需资料

正式登记是在获得临时登记后，经田间示范试验、试销可以作为正式商品流通的肥料产品，生产者应当申请正式登记。所需资料如下。

①肥料正式登记申请书（国家化肥质量监督检验中心网站下载）。

②工商注册证明文件复印件（工商机关颁发的具有独立法人资格的肥料生产者的营业执照），经营范围应当包括肥料或土壤调理剂等生产。

③生产许可证复印件（仅限复混肥料、掺混肥料、有机一无机复混肥料）。

④商标注册证明复印件（商标注册为非强制性法律文本，但建议生产者申请商标注册，如未注册，可不提供）。

⑤肥料产品的执行标准复印件（执行国家标准、行业标准的除外）。

⑥生产企业的基本情况资料。

⑦产品及生产工艺概述。

⑧产品使用说明书。

⑨产品包装标识样式。

⑩产品合格证样式。

⑪技术负责人简介（仅限微生物肥料）。

⑫肥料效应示范试验报告、田间示范试验肥料的样品检测报告。

⑬生产企业生产质量保证、生产控制条件考核合格表。

⑭有效期内使用情况说明（面积、作物、应用效果及主要推广地区）。

⑮经办人身份证复印件。

⑯肥料样品抽样检测报告。

⑰承诺申明（仅限水溶肥料，承诺申请登记的水溶肥料产品没有添加植物生长调节剂等农药成分）。

3. 续展登记所需资料

续展登记是登记证有效期满，需要继续生产、销售该产品的，生产者应当申请续展登记。在临时登记证有效期满前4个月、正式登记证期满前8个月（不包括登记证到期当月）提交续展登记资料。

①续展登记申请表（国家化肥质量监督检验中心网站下载）。

②工商注册证明文件复印件（工商机关颁发的具有独立法人资格的肥料生产者的营业执照），经营范围应当包括肥料或土壤调理剂等生产。

③生产许可证复印件（限复混肥料、有机-无机复混肥料、掺混肥料）。

④原登记证复印件。

⑤商标注册证明复印件（商标注册为非强制性法律文本，但建议生产者申请商标注册，如未注册，可不提供）。

⑥肥料产品执行标准复印件（执行国家标准、行业标准的除外）。

⑦产品使用说明。

⑧产品外包装标识式样。

⑨产品合格证式样。

⑩有效期内使用情况说明（面积、作物、主要推广地区及应用效果）。

⑪半年内的该类肥料产品抽检报告。
⑫产品检验报告。
⑬经办人身份证复印件。
⑭肥料样品抽样检测报告。

(二) 肥料产品的名称

为了规范肥料标识，国家市场监督管理总局、国家标准化管理委员会于 2021 年发布了《肥料标识 内容和要求》(GB 18382—2021)。肥料产品的包装标识是用于识别肥料产品及其质量、数量、特征和使用方法所做的各种表示的统称。标识可以用文字、符号、图案以及其他说明物等表示。

1. 肥料产品包装标识所标注的内容要求

肥料产品包装标识所标注的所有内容，必须符合国家法律和法规的规定并符合相应产品标准的规定，必须准确、科学、通俗易懂，不得以错误的、引起误解的欺骗性的方式描述或介绍肥料，不得以直接或间接暗示性的语言、图形、符号导致用户将肥料或肥料的某一性质与另一肥料产品混淆，不应含有导致用户将不同公司产品混淆的标识内容。

2. 肥料产品通用名称（标准名称）的要求

标明执行国家标准、行业标准、地方标准的产品按相应标准中的规定标注通用名称。标明执行团体标准、企业标准的产品，通用名称应使用 GB/T 32741—2016 的 "4.1 按养分分类" 中相对应的类别名称，或使用 GB/T 6274—2016 的 "2.2 产品术语" 中相对应的产品名称。需要肥料登记管理的产品按已取得的有效登记的名称标注。

3. 肥料产品商品名称的要求

如标注商品名称（或者特殊用途的肥料名称），不应引起用户、消费者误解和混淆。已获登记的肥料产品，按有效登记批准的名称标注。商品名称仅可在通用名称（标准名称）下以小于通用名称的字体予以标注。商品名称应以文字标注，不应以图案标注，如含有修饰性词语，应符合相应国家标准、行业标准、地方标准的要求。

4. 肥料产品名称中的禁语

肥料名称（包括商品名称）中不应带有不实、夸大性质的词语及谐音，包括但不限于：高效、特效、全元、多元、高产、双效、多效、增长、促长、高肥力、霸、王、神、灵、宝、圣、活性、活力、强力、激活、抗逆、抗害、高能、多能、全营养、保绿、保花、保果等。与肥料名称标注在同一行的内容（包括文字和图案）也应符合本要求。

(三) 肥料产品的包装要求

①产品和外包装标明的所有内容，不得以错误的、引起误解的或欺骗性的方式描述或介绍产品；产品名称应当使用表明该产品真实属性的专用名称。所有文字必须是合乎规范的汉字，产品和包装标明可以同时使用汉语拼音、少数民族文字或外文。但不得大于汉字，计量单位应当使用法定计量单位。

②肥料产品包装应有标签、说明书和产品质量检验合格证。使用说明书和标签应当使用中文。使用说明要按申请登记的适用作物简述有效的产品适用作物、使用时期、使用量、适用区域、使用方法和注意事项。

③产品外包装应标明产品名称、生产企业名称和地址。境内产品，必须标明经依法登记注册的、能承担产品质量责任的生产者的名称和地址。国外及中国香港、澳门、台湾地区产品，应当标明该产品的原产地（国家或地区），以及代理商在中国依法注册的名称的地址。

④产品外包装应标明肥料登记证号、产品执行标准号、有效成分名称和含量、净重、生产日期及质量保证期、生产许可证号（生产许可证管理的肥料产品适用）。境内产品，产品的

执行标准号必须标明企业所执行的国家标准、行业标准或经备案的企业标准编号。如产品需限期使用，则应标注保质期或失效日期。如产品的保质期与贮存条件有关，则必须标明产品的贮藏方法。

⑤产品名称和推荐适用作物、区域应与登记批准的一致。

⑥包装应包含必要的警示标志和贮存要求。对于易碎、怕压、需要防潮、不能倒置以及其他特殊要求的产品，应标注警示标志或中文警示说明，标注贮运注意事项。

⑦外包装应包括限用范围和与其他物质混用禁忌。

二、农药登记管理

（一）农药登记

1. 农药登记的申请

在中国境内生产、经营、使用的农药，应当取得农药登记。农药登记的申请人应当是农药生产企业、向中国出口农药的企业或者新农药研制者。境内申请人向所在地省级农业农村部门提出农药登记申请。境外企业向农业农村部提出农药登记申请。申请人应当按照农业农村部的农药登记要求，提交产品化学、毒理学、药效、残留、环境影响等试验报告、风险评估报告、标签或者说明书样张、产品安全数据单、相关文献资料、申请表、申请人资质证明、资料真实性声明等申请资料。申请新农药登记的，应当同时提交新农药原药和新农药制剂登记申请，并提供农药标准品。

2. 农药临时登记证的有效期限

农药临时登记证有效期为1年，可以续展，累积有效期不得超过4年。

3. 农药登记证的有效期限

农药登记证有效期为5年，可以续展。

(二) 农药使用

1. 运输农药的注意事项

①运输前要了解运送的是什么农药、毒性怎样、应注意的事项等基本情况，做到会防毒，发生事故会处理。

②运输前要检查包装，如发现破损，要改换包装或修补，防止农药渗漏。

③专车、专船运输，不能与食品、饲料、种子和生活用品等混装。

④装卸时要轻拿轻放，不得倒置，严防碰撞、外溢和破损。标签朝外，箱口朝上。

⑤操作人员应做好安全防护，工作期间不能抽烟、喝水、吃东西。

⑥运输途中休息时应将车停靠在阴凉处，防止暴晒，并离居民区 200 米以外，雨天运输车上要有防雨设施。

⑦搬运完毕，运输工具要及时清洗消毒，操作人员要及时洗澡、换衣。

2. 农药的贮存和保管注意事项

①农药仓库结构要牢固，门窗要严密，要求阴凉、通风、干燥并有防火防潮措施。

②农药仓库应专用，绝不能和粮食、种子、饲料、食品等混放，也不能与烧碱、石灰、化肥等物品混放在一起。

③农药堆放时，要分品种堆放，严防破损、渗漏，对于高毒农药和除草剂要分别专仓保管，以免引起中毒或药害事故。

④各种农药出入库要有明晰台账，便于管理。

⑤农户自家贮存农药时，要单独放在一间屋内锁好，防止儿童接近。

⑥建立安全保管制度。

3. 农药使用中的安全防护工作

①在农药的贮运、配制、施药、清洗过程中，要穿戴必要的防护工具，尽量避免皮肤与农药接触。

②施药前，要检查药械是否完好，以免施药过程中跑、冒、滴、漏。

③施药时，施药人员操作时严禁进食、喝水或抽烟。不能用嘴吹堵塞的喷头。人要站在上风向位置，实行作物隔行施药操作。

④施药后，要及时更换工作服，清洗手、脸及施药器械。同时注意清洗废水的处理，不要污染环境。

⑤如果不慎，药剂沾在皮肤上，应立即停止作业，用肥皂及大量清水（不要用热水）充分冲洗被污染的部位。眼睛中不慎溅入了药液或药粉，必须立即用大量清水冲洗一段时间。如遇敌百虫药剂滴溅在皮肤上时不要用肥皂，以免敌百虫遇碱性肥皂后转化成毒性更高的敌敌畏，敌百虫水溶性大，只用清水充分冲洗即可。中毒症状严重者，应立即送医院并携带引起中毒的农药标签。

⑥保护地施药时，要保证有良好的通风条件。

⑦不要将杀鼠剂的诱饵和拌过药的种子与食用粮食、饲料混放在一起，以免误食。被污染的粮食不得食用或喂牲畜。

⑧贮存农药要有专用设施并有专人保管，废弃农药及容器要妥善处理，不得再作它用。

第三节 兽药管理

一、兽药生产与经营概述

国家实行兽药储备制度。发生重大动物疫情、灾情或者其他突发事件时，国务院兽医行政管理部门可以紧急调用国家储备的兽药；必要时，也可以调用国家储备以外的兽药。

二、兽药生产

1. 设立兽药生产企业应当具备的条件

应当符合国家兽药行业发展规划和产业政策，并具备下列条件。

①具有与所生产的兽药相适应的兽医学、药学或者相关专业的技术人员。

②具有与所生产的兽药相适应的厂房、设施。

③具有与所生产的兽药相适应的兽药质量管理和质量检验的机构、人员、仪器设备。

④具有符合安全、卫生要求的生产环境。

⑤具有兽药生产质量管理规范规定的其他生产条件。

符合上述规定条件的，申请人方可向省（区、市）人民政府兽医行政管理部门提出申请，并附具符合前款规定条件的证明材料；省（区、市）人民政府兽医行政管理部门应当自收到申请之日起40个工作日内完成审查。经审查合格的，发放兽药生产许可证；不合格的，应当书面通知申请人。申请人凭兽药生产许可证办理工商登记手续。

2. 兽药生产许可证

兽药生产许可证应当载明生产范围、生产地点、有效期和法定代表人姓名、住址等事项。

兽药生产许可证有效期为5年。有效期届满，需要继续生产兽药的，应当在许可证有效期届满前6个月到发证机关申请换发兽药生产许可证。

兽药生产企业变更生产范围、生产地点的，应当依照《兽药管理条例》的规定申请换发兽药生产许可证，申请人凭换发的兽药生产许可证办理工商变更登记手续；变更企业名称、法定代表人的，应当在办理工商变更登记手续后15个工作日内，到发证机关申请换发兽药生产许可证。

3. 兽药生产企业的生产质量管理

①兽药生产企业应当按照国务院兽医行政管理部门制定的兽药生产质量管理规范组织生产。

②兽药生产企业生产兽药，应当取得国务院兽医行政管理部门核发的产品批准文号，产品批准文号的有效期为5年。兽药产品批准文号的核发办法由国务院兽医行政管理部门制定。

③兽药生产企业应当按照兽药国家标准和国务院兽医行政管理部门批准的生产工艺进行生产。兽药生产企业改变影响兽药质量的生产工艺的，应当报原批准部门审核批准。

兽药生产企业应当建立生产记录，生产记录应当完整、准确。生产兽药所需的原料、辅料，应当符合国家标准或者所生产兽药的质量要求。直接接触兽药的包装材料和容器应当符合药用要求。兽药出厂前应当经过质量检验，不符合质量标准的不得出厂。兽药出厂应当附有产品质量合格证。禁止生产假、劣兽药。兽药生产企业生产的每批兽用生物制品，在出厂前应当由国务院兽医行政管理部门指定的检验机构审查核对，并在必要时进行抽查检验；未经审查核对或者抽查检验不合格的，不得销售。

强制免疫所需兽用生物制品，由国务院兽医行政管理部门指定的企业生产。

④兽药包装应当按照规定印有或者贴有标签，附具说明书，并在显著位置注明"兽用"字样。兽药的标签和说明书经国务院兽医行政管理部门批准并公布后，方可使用。

兽药的标签或者说明书，应当以中文注明兽药的通用名称、成分及其含量、规格、生产企业、产品批准文号（进口兽药注册证号）、产品批号、生产日期、有效期、适应证或者功能主治、用法、用量、休药期、禁忌、不良反应、注意事项、运输贮存保管条件及其他应当说明的内容。有商品名称的，还应当注明商品名称。

除规定的内容外，兽用处方药的标签或者说明书还应当印有国务院兽医行政管理部门规定的警示内容，其中兽用麻醉药品、精神药品、毒性药品和放射性药品还应当印有国务院兽医行政管理部门规定的特殊标志；兽用非处方药的标签或者说明书还应当印有国务院兽医行政管理部门规定的非处方药标志。

三、兽药经营

1. 经营兽药的企业，应当具备的条件

①与所经营的兽药相适应的兽药技术人员。
②与所经营的兽药相适应的营业场所、设备、仓库设施。
③与所经营的兽药相适应的质量管理机构或者人员。
④兽药经营质量管理规范规定的其他经营条件。

符合规定条件的，申请人方可向市、县人民政府兽医行政管理部门提出申请，并附具符合上述规定条件的证明材料；经营兽用生物制品的，应当向省（区、市）人民政府兽医行政管理部门提出申请，并附具符合上述规定条件的证明材料。

2. 兽药经营许可证

县级以上地方人民政府兽医行政管理部门，应当自收到申请之日起30个工作日内完成审查。审查合格的，发给兽药经营许可证；不合格的，应当书面通知申请人。申请人凭兽药经营许可证办理工商登记手续。

兽药经营许可证应当载明经营范围、经营地点、有效期和法定代表人姓名、住址等事项。

兽药经营许可证有效期为5年。有效期届满，需要继续经营兽药的，应当在许可证有效期届满前6个月到发证机关申请换发兽药经营许可证。

兽药经营企业变更经营范围、经营地点的，应当依照《兽药管理条例》规定申请换发兽药经营许可证，申请人凭换发的兽药经营许可证办理工商变更登记手续；变更企业名称、法定代表人的，应当在办理工商变更登记手续后15个工作日内，到发证机关申请换发兽药经营许可证。

兽药经营企业购进兽药，应当将兽药产品与产品标签或者说明书、产品质量合格证核对无误。

兽药经营企业，应当向购买者说明兽药的功能主治、用法、用量和注意事项。销售兽用处方药的，应当遵守兽用处方药管理办法。

兽药经营企业销售兽用中药材的，应当注明产地。

禁止兽药经营企业经营人用药品和假、劣兽药。

兽药经营企业购销兽药，应当建立购销记录。购销记录应当载明兽药的商品名称、通用名称、剂型、规格、批号、有效期、生产厂商、购销单位、购销数量、购销日期和国务院兽医行政管理部门规定的其他事项。

兽药经营企业，应当建立兽药保管制度，采取必要的冷藏、防冻、防潮、防虫、防鼠等措施，保持所经营兽药的质量。

兽药入库、出库，应当执行检查验收制度，并有准确记录。

强制免疫所需兽用生物制品的经营，应当符合国务院兽医行政管理部门的规定。

兽药广告的内容应当与兽药说明书内容相一致，在全国重点媒体发布兽药广告的，应当经国务院兽医行政管理部门审查批准，取得兽药广告审查批准文号。在地方媒体发布兽药广告的，应当经省（区、市）人民政府兽医行政管理部门审查批准，取得兽药广告审查批准文号；未经批准的，不得发布。

四、兽药进出口

1. 首次向中国出口的兽药应提交的资料和物品

首次向中国出口的兽药，由出口方驻中国境内的办事机构或者其委托的中国境内代理机构向国务院兽医行政管理部门申请注册，并提交下列资料和物品。

①生产企业所在国家（地区）兽药管理部门批准生产、销售的证明文件。

②生产企业所在国家（地区）兽药管理部门颁发的符合兽药生产质量管理规范的证明文件。

③兽药的制造方法、生产工艺、质量标准、检测方法、药理和毒理试验结果、临床试验报告、稳定性试验报告及其他相关资料；用于食用动物的兽药的休药期、最高残留限量标准、残留检测方法及其制定依据等资料。

④兽药的标签和说明书样本。

⑤兽药的样品、对照品、标准品。

⑥环境影响报告和污染防治措施。

⑦涉及兽药安全性的其他资料。

申请向中国出口兽用生物制品的，还应当提供菌（毒、虫）种、细胞等有关材料和资料。

2. 进口兽药注册证书的有效期

进口兽药注册证书的有效期为5年。有效期届满，需要继续向中国出口兽药的，应当在有效期届满前6个月到原发证机关申请再注册。

境外企业不得在中国直接销售兽药。境外企业应当依法在中国境内设立销售机构或者委托符合条件的中国境内代理机构。

在中国已取得进口兽药注册证书进口兽药的，中国境内代理机构凭进口兽药注册证书到口岸所在地人民政府兽医行政管理部门办理进口兽药通关单。海关凭进口兽药通关单放行。兽药进口管理办法由国务院兽医行政管理部门会同海关总署制定。

兽用生物制品进口后，应当依照《兽药管理条例》的规定进行审查核对和抽查检验。其他兽药进口后，由当地兽医行政管理部门通知兽药检验机构进行抽查检验。

3. 禁止进口兽药

具体包括：药效不确定、不良反应大以及可能对养殖业、人体健康造成危害或者存在潜在风险的；来自疫区可能造成疫病在中国境内传播的兽用生物制品；经考察生产条件不符合规定的；国务院兽医行政管理部门禁止生产、经营和使用的。向中国境外出口兽药，进口方要求提供兽药出口证明文件的，国务院兽医行政管理部门或者企业所在地的省（区、市）人民政府兽医行政管理部门可以出具出口兽药证明文件。

国内防疫急需的疫苗，国务院兽医行政管理部门可以限制或者禁止出口。

五、兽药使用

兽药使用单位，应当遵守国务院兽医行政管理部门制定的兽药安全使用规定，并建立用药记录。

禁止使用假、劣兽药以及国务院兽医行政管理部门规定禁止使用的药品和其他化合物。禁止使用的药品和其他化合物目录由国务院兽医行政管理部门制定公布。

有休药期规定的兽药用于食用动物时，饲养者应当向购买者或者屠宰者提供准确、真实的用药记录；购买者或者屠宰者应当确保动物及其产品在用药期、休药期内不被用于食品消费。

国务院兽医行政管理部门负责制定公布在饲料中允许添加的药物饲料添加剂品种目录。禁止在饲料和动物饮用水中添加激素类药品和国务院兽医行政管理部门规定的其他禁用药品。

经批准可以在饲料中添加的兽药，应当由兽药生产企业制成药物饲料添加剂后方可添加。禁止将原料药直接添加到饲料及动物饮用水中或者直接饲喂动物。

禁止将人用药品用于动物。

六、兽药监督管理

1. 管理机关

县级以上人民政府兽医行政管理部门行使兽药监督管理权。

兽药检验工作由国务院兽医行政管理部门和省（区、市）人民政府兽医行政管理部门设立的兽药检验机构承担。国务院兽医行政管理部门可以根据需要认定其他检验机构承担兽药检验工作。

当事人对兽药检验结果有异议的，可以自收到检验结果之日起7个工作日内向实施检验的机构或者上级兽医行政管理部门设立的检验机构申请复检。

兽药应当符合兽药国家标准。国家兽药典委员会拟定的、国务院兽医行政管理部门发布的《中华人民共和国兽药典》和国务院兽医行政管理部门发布的其他兽药质量标准为兽药国家标准。

兽药国家标准的标准品和对照品的标定工作由国务院兽医行政管理部门设立的兽药检验机构负责。

兽医行政管理部门依法进行监督检查时，对有证据证明可能是假、劣兽药的，应当采取查封、扣押的行政强制措施，并自采取行政强制措施之日起7个工作日内作出是否立案的决定。需要检验的，应当自检验报告书发出之日起15个工作日内作出是否立案的决定；不符合立案条件的，应当解除行政强制措施；需要暂停生产的，由国务院兽医行政管理部门或者省（区、市）人民政府兽医行政管理部门按照权限作出决定；需要暂停经营、使用的，由县级以上人民政府兽医行政管理部门按照权限作出决定。

未经行政强制措施决定机关或者其上级机关批准，不得擅自转移、使用、销毁、销售被查封或者扣押的兽药及有关材料。

2. 假兽药

①以非兽药冒充兽药或者以他种兽药冒充此种兽药的。

②兽药所含成分的种类、名称与兽药国家标准不符合的。

③有下列情形之一的，按照假兽药处理：一是国务院兽医行政管理部门规定禁止使用的；二是依照《兽药管理条例》规定应当经审查批准而未经审查批准即生产、进口的，或者依照《兽药管理条例》应当经抽查检验、审查核对而未经抽查检验、审查核对即销售、进口的；三是变质的；四是被污染的；五是所标明的适应证或者功能主治超出规定范围的。

3. 劣兽药

具体包括：成分含量不符合兽药国家标准或者不标明有效成分的；不标明或者更改有效期或者超过有效期的；不标明或者更改产品批号的；其他不符合兽药国家标准，但不属于假兽药的。

4. 禁止性规定

具体包括：禁止将兽用原料药拆零销售或者销售给兽药生产企业以外的单位和个人；禁止未经兽医开具处方销售、购买、使用国务院兽医行政管理部门规定实行处方药管理的兽药；禁止买卖、出租、出借兽药生产许可证、兽药经营许可证和兽药批准证明文件；各级兽医行政管理部门、兽药检验机构及其工作人员，不得参与兽药生产、经营活动，不得以其名义推荐或者监制、监销兽药。

5. 兽药不良反应报告制度

国家实行兽药不良反应报告制度。兽药生产企业、经营企业、兽药使用单位和开具处方的兽医人员发现可能与兽药使用有关的严重不良反应，应当立即向所在地人民政府兽医行政管理部门报告。

第四节　饲料和饲料添加剂管理

一、饲料和饲料添加剂的生产与经营概述

1. 饲料和饲料添加剂的定义

饲料，是指经工业化加工、制作的供动物食用的产品，包括单一饲料、添加剂预混合饲料、浓缩饲料、配合饲料和精料补充料。

饲料添加剂，是指在饲料加工、制作、使用过程中添加的少量或者微量物质，包括营养性饲料添加剂和一般饲料添加剂。

2. 管理机关

国务院农业行政主管部门负责全国饲料、饲料添加剂的监督管理工作。

县级以上地方人民政府负责饲料、饲料添加剂管理的部门（以下简称饲料管理部门），负责本行政区域饲料、饲料添加剂的监督管理工作。

县级以上地方人民政府统一领导本行政区域饲料、饲料添加剂的监督管理工作，建立健全监督管理机制，保障监督管理工作的开展。

饲料、饲料添加剂生产企业、经营者应当建立健全质量安全制度，对其生产、经营的饲料、饲料添加剂的质量安全负责。

任何组织或者个人有权举报在饲料、饲料添加剂生产、经营、使用过程中违反《饲料和饲料添加剂管理条例》的行为，有权对饲料、饲料添加剂监督管理工作提出意见和建议。

3. 审定和登记

（1）审定　国家鼓励研制新饲料、新饲料添加剂。

研制新饲料、新饲料添加剂，应当遵循科学、安全、有效、

环保的原则，保证新饲料、新饲料添加剂的质量安全。

研制的新饲料、新饲料添加剂投入生产前，研制者或者生产企业应当向国务院农业行政主管部门提出审定申请，并提供该新饲料、新饲料添加剂的样品和下列资料。

一是新饲料、新饲料添加剂的名称、主要成分、理化性质、研制方法、生产工艺、质量标准、检测方法、检验报告、稳定性试验报告、环境影响报告和污染防治措施。

二是国务院农业行政主管部门指定的试验机构出具的该新饲料、新饲料添加剂的饲喂效果、残留消解动态以及毒理学安全性评价报告。

申请新饲料添加剂审定的，还应当说明该新饲料添加剂的添加目的、使用方法，并提供该饲料添加剂残留可能对人体健康造成影响的分析评价报告。

国务院农业行政主管部门应当自受理申请之日起5个工作日内，将新饲料、新饲料添加剂的样品和申请资料交全国饲料评审委员会，对该新饲料、新饲料添加剂的安全性、有效性及其对环境的影响进行评审。

（2）登记与监测 国务院农业行政主管部门核发新饲料、新饲料添加剂证书，应当同时按照职责权限公布该新饲料、新饲料添加剂的产品质量标准。

新饲料、新饲料添加剂的监测期为5年。新饲料、新饲料添加剂处于监测期的，不受理其他就该新饲料、新饲料添加剂的生产申请和进口登记申请，但超过3年不投入生产的除外。

生产企业应当收集处于监测期的新饲料、新饲料添加剂的质量稳定性及其对动物产品质量安全的影响等信息，并向国务院农业行政主管部门报告；国务院农业行政主管部门应当对新饲料、新饲料添加剂的质量安全状况组织跟踪监测，证实其存在安全问题的，应当撤销新饲料、新饲料添加剂证书并予以公告。

二、饲料、饲料添加剂生产

1. 设立饲料、饲料添加剂生产企业应具备的条件

设立饲料、饲料添加剂生产企业,应当符合饲料工业发展规划和产业政策,并具备下列条件。

①有与生产饲料、饲料添加剂相适应的厂房、设备和仓储设施。

②有与生产饲料、饲料添加剂相适应的专职技术人员。

③有必要的产品质量检验机构、人员、设施和质量管理制度。

④有符合国家规定的安全、卫生要求的生产环境。

⑤有符合国家环境保护要求的污染防治措施。

⑥国务院农业行政主管部门制定的饲料、饲料添加剂质量安全管理规范规定的其他条件。

2. 申请从事饲料、饲料添加剂、添加剂预混合饲料生产企业的要求

申请从事饲料、饲料添加剂、添加剂预混合饲料生产的企业,申请人应当向省(区、市)人民政府饲料管理部门提出申请。省(区、市)人民政府饲料管理部门应当自受理申请之日起10个工作日内进行书面审查;审查合格的,组织进行现场审核,并根据审核结果在10个工作日内作出是否核发生产许可证的决定。

申请人凭生产许可证办理工商登记手续。

生产许可证有效期为5年。生产许可证有效期满需要继续生产饲料、饲料添加剂的,应当在有效期届满6个月前申请续展。

3. 批准文号

饲料添加剂、添加剂预混合饲料生产企业取得生产许可证后,由省(区、市)人民政府饲料管理部门按照国务院农业行

政主管部门的规定，核发相应的产品批准文号。

4. 饲料、饲料添加剂生产企业的管理

（1）原料的查验或者检验　饲料、饲料添加剂生产企业应当按照国务院农业行政主管部门的规定和有关标准，对采购的饲料原料、单一饲料、饲料添加剂、药物饲料添加剂、添加剂预混合饲料和用于饲料添加剂生产的原料进行查验或者检验。

饲料生产企业使用限制使用的饲料原料、单一饲料、饲料添加剂、药物饲料添加剂、添加剂预混合饲料生产饲料的，应当遵守国务院农业行政主管部门的限制性规定。禁止使用国务院农业行政主管部门公布的饲料原料目录、饲料添加剂品种目录和药物饲料添加剂品种目录以外的任何物质生产饲料。

（2）如实记录采购的原料　饲料、饲料添加剂生产企业应当如实记录采购的饲料原料、单一饲料、饲料添加剂、药物饲料添加剂、添加剂预混合饲料和用于饲料添加剂生产的原料的名称、产地、数量、保质期、许可证明文件编号、质量检验信息、生产企业名称或者供货者名称及其联系方式、进货日期等。记录保存期限不得少于2年。

（3）生产记录和产品留样观察制度　饲料、饲料添加剂生产企业，应当按照产品质量标准以及国务院农业行政主管部门制定的《饲料质量安全管理规范》和《饲料添加剂安全使用规范》组织生产，对生产过程实施有效控制并实行生产记录和产品留样观察制度。

（4）产品质量检验　饲料、饲料添加剂生产企业应当对生产的饲料、饲料添加剂进行产品质量检验。检验合格的，应当附具产品质量检验合格证；未经产品质量检验、检验不合格或者未附具产品质量检验合格证的，不得出厂销售。

（5）如实记录出厂销售　饲料、饲料添加剂生产企业应当如实记录出厂销售的饲料、饲料添加剂的名称、数量、生产日期、生产批次、质量检验信息、购货者名称及其联系方式、销售日期等。记录保存期限不得少于2年。

（6）包装、贮运和标签管理　出厂销售的饲料、饲料添加剂应当包装，包装应当符合国家有关安全、卫生的规定。

饲料生产企业直接销售给养殖者的饲料可以使用罐装车运输。罐装车应当符合国家有关安全、卫生的规定，并随罐装车附具符合《饲料和饲料添加剂管理条例》规定的标签。

易燃或者其他特殊的饲料、饲料添加剂的包装应当有警示标志或者说明，并注明贮运注意事项。

饲料、饲料添加剂的包装上应当附具标签。标签应当以中文或者适用符号标明产品名称、原料组成、产品成分分析保证值、净重或者净含量、贮存条件、使用说明、注意事项、生产日期、保质期、生产企业名称以及地址、许可证明文件编号和产品质量标准等。加入药物饲料添加剂的，还应当标明"加入药物饲料添加剂"字样，并标明其通用名称、含量和休药期。乳和乳制品以外的动物源性饲料，还应当标明"本产品不得饲喂反刍动物"字样。

三、饲料和饲料添加剂经营

1. 饲料、饲料添加剂经营者应当符合的条件

①有与经营饲料、饲料添加剂相适应的经营场所和仓储设施。

②有具备饲料、饲料添加剂使用、贮存等知识的技术人员。

③有必要的产品质量管理和安全管理制度。

2. 对饲料、饲料添加剂经营者的要求

①进货时应当查验产品标签、产品质量检验合格证和相应的许可证明文件。

②饲料、饲料添加剂经营者不得对饲料、饲料添加剂进行拆

包、分装，不得对饲料、饲料添加剂进行再加工或者添加任何物质。

③禁止经营用国务院农业行政主管部门公布的饲料原料目录、饲料添加剂品种目录和药物饲料添加剂品种目录以外的任何物质生产的饲料。

④饲料、饲料添加剂经营者应当建立产品购销台账，如实记录购销产品的名称、许可证明文件编号、规格、数量、保质期、生产企业名称或者供货者名称及其联系方式、购销时间等。购销台账保存期限不得少于2年。

3. 进出口饲料、饲料添加剂的管理

向中国出口的饲料、饲料添加剂应当包装，包装应当符合中国有关安全、卫生的规定，并附具符合《饲料和饲料添加剂管理条例》规定的标签。

向中国出口的饲料、饲料添加剂应当符合中国有关检验检疫的要求，由出入境检验检疫机构依法实施检验检疫，并对其包装和标签进行核查。包装和标签不符合要求的，不得入境。

境外企业不得直接在中国销售饲料、饲料添加剂。境外企业在中国销售饲料、饲料添加剂的，应当依法在中国境内设立销售机构或者委托符合条件的中国境内代理机构销售。

四、饲料和饲料添加剂使用

1. 养殖者应当按照产品使用说明和注意事项使用饲料

在饲料或者动物饮用水中添加饲料添加剂的，应当符合饲料添加剂使用说明和注意事项的要求，遵守国务院农业行政主管部门制定的《饲料添加剂安全使用规范》。

养殖者使用自行配制的饲料的，应当遵守国务院农业行政主管部门制定的养殖者自行配制饲料的有关规定，并不得对外提供自行配制的饲料。

使用限制使用的物质养殖动物的，应当遵守国务院农业行政主管部门的限制性规定。禁止在饲料、动物饮用水中添加国务院农业行政主管部门公布禁用的物质以及对人体具有直接或者潜在危害的其他物质，或者直接使用上述物质养殖动物。禁止在反刍动物饲料中添加乳和乳制品以外的动物源性成分。

2. 召回产品制度

饲料、饲料添加剂生产企业发现其生产的饲料、饲料添加剂对养殖动物、人体健康有害或者存在其他安全隐患的，应当立即停止生产，通知经营者、使用者，向饲料管理部门报告，主动召回产品，并记录召回和通知情况。召回的产品应当在饲料管理部门监督下予以无害化处理或者销毁。

饲料、饲料添加剂经营者发现其销售的饲料、饲料添加剂具有上述规定情形的，应当立即停止销售，通知生产企业、供货者和使用者，向饲料管理部门报告，并记录通知情况。

养殖者发现其使用的饲料、饲料添加剂具有上述规定情形的，应当立即停止使用，通知供货者，并向饲料管理部门报告。

3. 禁止性规定

①禁止生产、经营、使用未取得新饲料、新饲料添加剂证书的新饲料、新饲料添加剂以及禁用的饲料、饲料添加剂。

②禁止经营、使用无产品标签、无生产许可证、无产品质量标准、无产品质量检验合格证的饲料、饲料添加剂。禁止经营、使用无产品批准文号的饲料添加剂、添加剂预混合饲料。禁止经营、使用未取得饲料、饲料添加剂进口登记证的进口饲料、进口饲料添加剂。

③禁止对饲料、饲料添加剂做具有预防或者治疗动物疾病作用的说明或者宣传。但是，饲料中添加药物饲料添加剂的，可以对所添加的药物饲料添加剂的作用加以说明。

4. 监督检查中的措施

国务院农业行政主管部门和县级以上地方人民政府饲料管理部门在监督检查中可以采取下列措施。

①对饲料、饲料添加剂生产、经营、使用场所实施现场检查。

②查阅、复制有关合同、票据、账簿和其他相关资料。

③查封、扣押有证据证明用于违法生产饲料的饲料原料、单一饲料、饲料添加剂、药物饲料添加剂、添加剂预混合饲料，用于违法生产饲料添加剂的原料，用于违法生产饲料、饲料添加剂的工具、设施，违法生产、经营、使用的饲料、饲料添加剂。

④查封违法生产、经营饲料、饲料添加剂的场所。

五、法律责任

1. 未取得生产许可证生产饲料、饲料添加剂的法律责任

未取得生产许可证生产饲料、饲料添加剂的，由县级以上地方人民政府饲料管理部门责令停止生产，没收违法所得、违法生产的产品和用于违法生产饲料的饲料原料、单一饲料、饲料添加剂、药物饲料添加剂、添加剂预混合饲料以及用于违法生产饲料添加剂的原料；违法生产的产品货值金额不足1万元的，并处1万元以上5万元以下罚款，货值金额1万元以上的，并处货值金额5倍以上10倍以下罚款；情节严重的，没收其生产设备，生产企业的主要负责人和直接负责的主管人员10年内不得从事饲料、饲料添加剂生产、经营活动。

已经取得生产许可证，但不再具备《饲料和饲料添加剂管理条例》规定的条件而继续生产饲料、饲料添加剂的，由县级以上地方人民政府饲料管理部门责令停止生产、限期改正，并处1万元以上5万元以下罚款；逾期不改正的，由发证机关吊销生产许可证。

已经取得生产许可证,但未取得产品批准文号而生产饲料添加剂、添加剂预混合饲料的,由县级以上地方人民政府饲料管理部门责令停止生产,没收违法所得、违法生产的产品和用于违法生产饲料的饲料原料、单一饲料、饲料添加剂、药物饲料添加剂以及用于违法生产饲料添加剂的原料,限期补办产品批准文号,并处违法生产的产品货值金额1倍以上3倍以下罚款;情节严重的,由发证机关吊销生产许可证。

2. 饲料、饲料添加剂生产企业的法律责任

①饲料、饲料添加剂生产企业有下列行为之一的,由县级以上地方人民政府饲料管理部门责令改正,没收违法所得、违法生产的产品和用于违法生产饲料的饲料原料、单一饲料、饲料添加剂、药物饲料添加剂、添加剂预混合饲料以及用于违法生产饲料添加剂的原料,违法生产的产品货值金额不足1万元的,并处1万元以上5万元以下罚款,货值金额1万元以上的,并处货值金额5倍以上10倍以下罚款;情节严重的,由发证机关吊销、撤销相关许可证明文件,生产企业的主要负责人和直接负责的主管人员10年内不得从事饲料、饲料添加剂生产、经营活动;构成犯罪的,依法追究刑事责任。

一是使用限制使用的饲料原料、单一饲料、饲料添加剂、药物饲料添加剂、添加剂预混合饲料生产饲料,不遵守国务院农业行政主管部门的限制性规定的。

二是使用国务院农业行政主管部门公布的饲料原料目录、饲料添加剂品种目录和药物饲料添加剂品种目录以外的物质生产饲料的。

三是生产未取得新饲料、新饲料添加剂证书的新饲料、新饲料添加剂或者禁用的饲料、饲料添加剂的。

②饲料、饲料添加剂生产企业有下列行为之一的,由县级以上地方人民政府饲料管理部门责令改正,处1万元以上2万元以

下罚款；拒不改正的，没收违法所得、违法生产的产品和用于违法生产饲料的饲料原料、单一饲料、饲料添加剂、药物饲料添加剂、添加剂预混合饲料以及用于违法生产饲料添加剂的原料，并处 5 万元以上 10 万元以下罚款；情节严重的，责令停止生产，可以由发证机关吊销、撤销相关许可证明文件。

一是不按照国务院农业行政主管部门的规定和有关标准对采购的饲料原料、单一饲料、饲料添加剂、药物饲料添加剂、添加剂预混合饲料和用于饲料添加剂生产的原料进行查验或者检验的。

二是饲料、饲料添加剂生产过程中不遵守国务院农业行政主管部门制定的饲料、饲料添加剂质量安全管理规范和饲料添加剂安全使用规范的。

三是生产的饲料、饲料添加剂未经产品质量检验的。

③饲料、饲料添加剂生产企业不依照《饲料和饲料添加剂管理条例》规定实行采购、生产、销售记录制度或者产品留样观察制度的，由县级以上地方人民政府饲料管理部门责令改正，处 1 万元以上 2 万元以下罚款；拒不改正的，没收违法所得、违法生产的产品和用于违法生产饲料的饲料原料、单一饲料、饲料添加剂、药物饲料添加剂、添加剂预混合饲料以及用于违法生产饲料添加剂的原料，处 2 万元以上 5 万元以下罚款，并可以由发证机关吊销、撤销相关许可证明文件。

饲料、饲料添加剂生产企业销售的饲料、饲料添加剂未附具产品质量检验合格证或者包装、标签不符合规定的，由县级以上地方人民政府饲料管理部门责令改正；情节严重的，没收违法所得和违法销售的产品，可以处违法销售的产品货值金额 30% 以下罚款。

3. 饲料、饲料添加剂经营者的法律责任

①饲料、饲料添加剂经营者有下列行为之一的，由县级人民

政府饲料管理部门责令改正，没收违法所得和违法经营的产品，违法经营的产品货值金额不足1万元的，并处2000元以上2万元以下罚款，货值金额1万元以上的，并处货值金额2倍以上5倍以下罚款；情节严重的，责令停止经营，并通知工商行政管理部门，由工商行政管理部门吊销营业执照；构成犯罪的，依法追究刑事责任。

一是对饲料、饲料添加剂进行再加工或者添加物质的。

二是经营无产品标签、无生产许可证、无产品质量检验合格证的饲料、饲料添加剂的。

三是经营无产品批准文号的饲料添加剂、添加剂预混合饲料的。

四是经营用国务院农业行政主管部门公布的饲料原料目录、饲料添加剂品种目录和药物饲料添加剂品种目录以外的物质生产的饲料的。

五是经营未取得新饲料、新饲料添加剂证书的新饲料、新饲料添加剂或者未取得饲料、饲料添加剂进口登记证的进口饲料、进口饲料添加剂以及禁用的饲料、饲料添加剂的。

②饲料、饲料添加剂经营者有下列行为之一的，由县级人民政府饲料管理部门责令改正，没收违法所得和违法经营的产品，并处2000元以上1万元以下罚款。

一是对饲料、饲料添加剂进行拆包、分装的。

二是不依照本条例规定实行产品购销台账制度的。

三是经营的饲料、饲料添加剂失效、霉变或者超过保质期的。

③饲料、饲料添加剂生产企业、经营者有下列行为之一的，由县级以上地方人民政府饲料管理部门责令停止生产、经营，没收违法所得和违法生产、经营的产品，违法生产、经营的产品货值金额不足1万元的，并处2000元以上2万元以下罚款，货值

金额1万元以上的,并处货值金额2倍以上5倍以下罚款;构成犯罪的,依法追究刑事责任。

一是在生产、经营过程中,以非饲料、非饲料添加剂冒充饲料、饲料添加剂或者以此种饲料、饲料添加剂冒充他种饲料、饲料添加剂的。

二是生产、经营无产品质量标准或者不符合产品质量标准的饲料、饲料添加剂的。

三是生产、经营的饲料、饲料添加剂与标签标示的内容不一致的饲料、饲料添加剂生产企业有前款规定的行为,情节严重的,由发证机关吊销、撤销相关许可证明文件;情节严重的,通知工商行政管理部门,由工商行政管理部门吊销营业执照。

4. 养殖者的法律责任

养殖者有下列行为之一的,由县级人民政府饲料管理部门没收违法使用的产品和非法添加物质,对单位处1万元以上5万元以下罚款,对个人处5 000元以下罚款;构成犯罪的,依法追究刑事责任。

一是使用未取得新饲料、新饲料添加剂证书的新饲料、新饲料添加剂或者未取得饲料、饲料添加剂进口登记证的进口饲料、进口饲料添加剂的。

二是使用无产品标签、无生产许可证、无产品质量标准、无产品质量检验合格证的饲料、饲料添加剂的。

三是使用无产品批准文号的饲料添加剂、添加剂预混合饲料的。

四是在饲料或者动物饮用水中添加饲料添加剂,不遵守国务院农业行政主管部门制定的饲料添加剂安全使用规范的。

五是使用自行配制的饲料,不遵守国务院农业行政主管部门制定的养殖者自行配制饲料的有关规定的。

六是使用限制使用的物质养殖动物,不遵守国务院农业行政主管部门的限制性规定的。

七是在反刍动物饲料中添加乳和乳制品以外的动物源性成分的。

在饲料或者动物饮用水中添加国务院农业行政主管部门公布禁用的物质以及对人体具有直接或者潜在危害的其他物质，或者直接使用上述物质养殖动物的，由县级以上地方人民政府饲料管理部门责令其对饲喂了违禁物质的动物进行无害化处理，处3万元以上10万元以下罚款；构成犯罪的，依法追究刑事责任。

第五章 农业机械管理

第一节 农业机械管理

一、农业机械的含义

农业机械是指在作物种植业和畜牧业生产过程中，以及农、畜产品初加工和处理过程中所使用的各种机械。农业机械包括农用动力机械、农田建设机械、土壤耕作机械、种植和施肥机械、植物保护机械、农田排灌机械、作物收获机械、农产品加工机械、畜牧业机械和农业运输机械等。广义的农业机械还包括林业机械、渔业机械和蚕桑养殖、养蜂、食用菌类培植等农村副业机械。农业机械属于相对概念，指用于农业、畜牧业、林业和渔业所有机械的总称，农业机械属于农机具的范畴。

二、农业机械生产与经营

1. 发展农机合作组织的意义

我国农业机械化整体水平较低，目前在农村比较普遍的农机经济组织形式是农机户和农机专业户。我国专业化和社会服务程度比较低，在这方面的发展空间相当大。同时，农机的保有量不能正确地反映国内农机化水平，还存在农机利用率及农机在农业生产中利用率低的问题。虽然一些地方已经建立了一些农机合作社，但组织松散，制度尚不健全，没能真正发挥合作优势。农民以家庭为单位在租用或雇用农机作业中受其规模限制,其交易成本很高,效率也较低下。建立和完善农机合作组织是解决当前农业机械化发展中诸多矛盾的突破口。

①发展农机合作组织便于政府宏观调控,落实农业补贴措施。改变以前的松散式管理为合作组织统一管理,减少中间环节,降低管理成本。

②发展农机合作组织有利于提高信息化,便于跨区作业调度,有利于农机社会化服务体系的完善,改变农户一家一户与多家多户错综复杂的交易方式,从而降低农户的交易成本。

③发展农机合作组织可促进农业机械的专业化和多样化,为农户提供从耕作、栽插、收获到加工的一条龙服务,适合我国农村家庭联产承包经营的国情,能够满足农户因结构调整引起的种植作物多样化的需要,有利于提高农业生产效率,促使农机社会化服务水平总体提高。

④发展农机合作社,将农机专业户组织起来结成利益共同体,可以规避个体农机户由于竞争而带来的风险。农机专业户的基本特点是"小而专",但随着市场经济体制的不断完善,要想追求更高的经济效益,要想解决一家一户办不好或办不了的事情,就必须自发或者有组织地联合。农机合作社直接面对农业生产者的需求者,易于了解和掌握生产经营中的实际情况,更有利于按市场需求状况进行选择,降低管理的成本和市场波动以及供求不平衡带来的风险。

2. 农机合作组织的组织形式

①农机专业户联合形成的农机合作组织。以资产合作和劳动合作为核心,实行单机核算,对外可以跨区作业,按市场价经营;对社员内部,可以互换机具工作,对自有土地作业进行优惠,达到兼有赢利和优势互补的目的。

②农户股份合作型。农民自发组织,联合购买机械,共同管

理经营收入，按入股比例分红，有利于调动农户的积极性。较多的农户入股会使较多的承包地在作业中获得优惠。

③以农机管理部门和农机推广部门为依托，由国家出资购置农机具，发动农户入股，建立公私合营组织，交给群众经营，政府起监督作用。

农机合作社是农机服务体系的有机组成部分。加强农机合作社建设是完善农机经营服务体制的重要措施，更是农机化发展转方式调结构的重要内容，也是转变农业生产方式、实现由机械化作业代替人工作业的实施主体。第一，农机合作社是农民群众的合作经济组织，应当把服务社员、服务农民作为自己的宗旨，一心为社员着想，一心为群众着想。第二，增加农机合作社经营效益，是提升农机合作社社员积极性的重要保障，特别是合作社农机户社员都是以投资或带机的方式加入合作社，合作社经营效益的提高直接关系到他们的经济利益和投资收益。第三，面对竞争日趋激烈的农机作业市场，合作社充分发挥组织优势，组织社员抱团作业，形成集群力量和拳头优势。他们与农户紧密联系，统一协商作业价格、统一安排作业时间、统一进行机具维修、统一调配作业机具，解决了农户的后顾之忧，提高了作业效率，避免了单打独斗和恶意竞争的弊端。第四，承担社会义务。合作社既是经营性的组织，也是社会性的组织，承担必要的社会义务是合作社的职责。作为专业性较强的农机合作社，应自觉承担节能环保等农机新技术的推广工作。

第二节 农机购置补贴政策

2021年，农业农村部办公厅、财政部办公厅印发了《2021—2023年农机购置补贴实施指导意见》（本节简称《意见》），对新一轮农机购置补贴政策实施工作作出了全面部署。

一、农机购置补贴政策取得的成效

农机购置补贴是党中央、国务院出台的一项重要的强农惠农富农政策，是《中华人民共和国农业机械化促进法》明确规定的重要扶持措施。自2004年政策出台以来，支持强度逐渐加大，惠及范围不断扩大，政策效果持续显现。截至2020年底，中央财政累计投入2 392亿元，扶持3 800多万农民和农业生产经营组织购置各类农机具4 800多万台（套）。党的十八大以来，中央财政农机购置补贴资金大幅增加，累计投入1 863亿元，年均超过200亿元，扶持2 459万农民和农业生产经营组织购置各类农机具3 157万台（套）。

农机购置补贴政策的实施，支持推动了我国农机装备水平和农业机械化水平的大幅度提升，为增强农业综合生产能力、保障国家粮食安全、增加农民收入提供了强有力的支撑。

一是推动了农业机械化的快速发展。农机装备总量持续增长，农机化水平快速提高。2020年，全国农机总动力10.3亿千瓦，农机保有量2.04亿台（套），分别较2003年增长72%和63%。全国农作物耕种收综合机械化率71%，较2003年提高39个百分点，小麦、水稻、玉米等主要农作物耕种收综合机械化率均已超过80%；畜牧养殖、水产养殖、设施农业和农产品初加工机械化率分别达到36%、31%、40%和39%，均较2003年大幅提升。

二是促进了农机工业发展壮大。2020年，全国规模以上农机企业1 615家，实现主营业务收入2 533亿元，分别较2003年增长10%和236%。适应我国农业生产的农机工业体系逐步完善，我国已成为世界农机制造和使用大国。

三是加快了农业生产性服务业发展。2020年，全国农机服务组织19.46万个，其中农机合作社7.89万个，占比超过40%；

农机户 4 008万个，其中农机作业服务专业户 423.2 万个；农机作业服务收入达到 3 540亿元，较 2003 年增长 80%，农机社会化服务成为农业生产性服务业的主力军、排头兵。跨区作业、生产托管等服务不断扩大，农机作业规模化、专业化程度越来越高，支撑了其他农业经营组织的发展，在推进小农户与现代农业发展有机衔接中发挥了重要桥梁作用。

二、新一轮农机购置补贴政策实施框架

2021—2023 年农机购置补贴政策实施工作在保持上一轮政策实施框架总体稳定的基础上，以习近平新时代中国特色社会主义思想为指导，深入全面贯彻落实新时期党中央、国务院关于"三农"工作的有关决策部署，以稳定实施政策、最大限度发挥政策效益为主线，突出问题导向、目标导向、结果导向，稳重点、扩范围、优服务、强监管、提效能，着力提升政策实施的精准化、规范化、便利化水平，支持引导农民购置使用先进适用的农业机械，引领推动农业机械化向全程全面高质高效转型升级，加快提升农业机械化产业链现代化水平，为确保粮食等重要农产品有效供给、巩固拓展脱贫攻坚成果、全面推进乡村振兴和加快农业农村现代化提供坚实支撑。在支持重点方面，着力突出稳产保供。将粮食、生猪等重要农产品生产所需机具全部列入补贴范围，应补尽补。将育秧、烘干、标准化猪舍、畜禽粪污资源化利用等方面成套设施装备纳入农机新产品购置补贴试点范围，加快推广应用步伐。在补贴资质方面，着力突出农机科技自主创新。通过大力开展农机专项鉴定，重点加快农机创新产品取得补贴资质条件步伐，尽快列入补贴范围；对暂时无法开展农机鉴定的高端智能创新农机产品开辟绿色通道，通过农机新产品购置补贴试点予以支持。在补贴标准方面，着力做到"有升有降"。提高重点区域水稻插（抛）秧机、重型免耕播种机、玉米籽粒收获机

等粮食生产薄弱环节所需机具，丘陵山区特色农业发展急需机具以及高端、复式、智能农机产品的补贴额测算比例，逐步降低区域内保有量明显过多、技术相对落后的轮式拖拉机等机具品目或档次补贴标准。在政策实施方面，着力突出优化营商环境。提升信息化水平，加快推进补贴全流程线上办理。加快补贴资金兑付，保障农民和企业合法权益。优化办理流程，缩短机具核验办理时限。畅通产业链供应链，营造良好营商环境，保障市场主体合法权益，对经司法机关认定为恶意拖欠农机生产经销企业购机款的购机者，取消其享受补贴资格。在政策管理方面，着力提升监督效能。充分发挥专业机构技术优势和大数据信息优势，提升违规行为排查和监控能力，强化农财两部门联合查处和省际联动处理，从严整治违规行为，有效维护政策实施良好秩序。

三、中央财政资金补贴机具种类范围

全国补贴的机具种类范围由2018—2020年的15大类42个小类153个品目调整扩展为15大类44个小类172个品目，基本涵盖了粮食等主要农作物以及生猪等重要畜禽产品全程机械化生产所需的主要机具装备。重点增加了丘陵山区农业生产和畜牧水产养殖、农产品初加工急需以及支持农业绿色发展和数字化建设的机具品目，减少区域内保有量明显过多、技术相对落后的机具品目或档次，以进一步满足农业机械化全程全面高质高效转型升级发展的需要。《意见》明确，各省（区、市）要根据农业生产需要和资金供需实际，全面落实"有进有出"的原则从全国补贴范围中选取本省补贴机具品目，优先保障粮食、生猪等重要农畜产品生产、丘陵山区特色农业生产以及支持农业绿色发展和数字化发展所需机具的补贴需要，将更多符合条件的高端、复式、智能产品纳入补贴范围，提高补贴标准、加大补贴力度，并按年度将区域内保有量明显过多、技术相对落后的机具品目剔除出补

贴范围。全国补贴范围可针对各省（区、市）提出的增补建议进行调整，具体工作按年度进行。

四、新一轮农机购置补贴标准

新一轮农机购置补贴总体上继续实行定额补贴，依据同档产品上年市场销售均价按不超过30%的比例测算确定各档次补贴额，且通用类机具补贴额不超过农业农村部发布的最高补贴额。

为提高政策实施的精准化、便利化水平，赋予省级更大自主权，推动补贴标准"有升有降"，在4个方面推出了新举措。一是农业农村部、财政部统一制定、发布全国补贴范围内各机具品目的主要分档参数，各省（区、市）在此基础上优化参数及增加分档。二是明确各省（区、市）围绕提升粮食生产薄弱环节和丘陵山区农机化水平、支持引导农民购置使用高端、智能农机产品，可选择不超过10个品目的产品，或同一品目不同档次的产品，提高其补贴额测算比例至35%，且通用类机具的补贴额可在20%的幅度内高于相应档次中央财政资金最高补贴额。三是要求各省（区、市）选择区域内保有量明显过多、技术相对落后的轮式拖拉机等机具品目或档次，降低其补贴标准，到2023年将其补贴额测算比例降至15%以下，推进农机装备转型升级和结构优化。四是明确各省（区、市）在公开补贴产品信息表时，不再公布具体产品的补贴额，增强购机者议价自主权，鼓励市场充分竞争，防范部分企业按照补贴额来定价，维护市场公平。

五、支持农机科技的创新举措

《意见》围绕加快农机创新成果转化和推广应用，明确大力支持农机创新产品列入补贴范围，多方面加大支持力度，推进农机科技创新，加快补短板、强弱项。一是支持各省（区、市）将通过农机专项鉴定的创新产品列入补贴范围。明确专项鉴定产品范围不受全国补贴范围限制，品目数量和资金规模由各省（区、市）结合实际确定。二是组织实施新一轮中央财政农机新产品购置补贴试点。重点支持暂不能开展鉴定的新型农机产品和不宜鉴定的成套设施装备等。成套设施装备试点品目数量和资金规模由各省（区、市）结合实际确定，单套补贴额最高可达60万元。对2020年已列入试点范围且符合新一轮政策规定的农机新产品，相关省（区、市）重新备案后，其试点资质可适当延长。三是全面开展植保无人驾驶航空器购置补贴工作。明确在具体操作办法出台之前，总体上继续按照有关规定实施引导植保无人机规范应用试点。由于试点机具资质渠道逐渐完善，鼓励相关省（区、市）提高试点机具资质门槛，进一步提升植保无人机的安全性、可靠性和先进性。四是提高高端、复式、智能农机产品补贴额测算比例。明确各省（区、市）可选择部分高端、复式、智能农机产品，提高其补贴额测算比例至35%，且通用类机具的补贴额可在一定幅度内高于相应档次中央财政资金最高补贴额。对种业急需的玉米去雄机，按30%的比例足额测算补贴额，并可突破5万元单机补贴限额。

六、在便利农民和企业方面的措施

《意见》围绕政策稳定实施、补贴机具投档、补贴资金申领与兑付等事关农民和农机生产企业切身利益事项，提出了一系列便民利企具体举措。主要体现在"五个全面"：一是全面实行跨年度连续实施，除发生违规行为或补贴资金超录外，不得以任何理由限制购机者提交补贴申请，且补贴机具资质、补贴标准和办理程序等均按购机者提交补贴申请并录入农机购置补贴申请办理服务系统时的相关规定执行。二是全面运用农机购置补贴机具自主投档平台，实行常年受理，方便企业随时便捷投档。机具分类分档和补贴额未发生变化的补贴产品，其补贴资质继续有效，年度间不需重复投档。三是全面实行农机购置补贴申请办理服务系统常年连续开放,推广使用带有人脸识别功能的手机 App 等信息化技术,方便购机者随时在线提交补贴申请、应录尽录,加快实现购机者线下申领补贴"最多跑一次""最多跑一地"。四是全面实行补贴受益信息、资金使用进度实时公开,利用农机购置补贴信息公开专栏,按年度公告近 3 年县域内补贴受益信息,定期发布各县(市)资金使用进度,主动接受社会监督。加强业务协同,推进数据共享。五是全面推行补贴申请审核和资金兑付限时办理,进一步缩短办理时限,将农业农村部门审核时间由 30 个工作日缩短至 15 个工作日,将公示时间由 20 天缩短至 5 个工作日,将财政部门兑付时间由 30 个工作日缩短至 15 个工作日,让农民尽快享受政策实惠。

七、补贴资金分配使用要求

《意见》明确中央财政农机购置补贴资金的支出方向,主要包括支持购置先进适用农业机械,以及开展有关试点和农机报废更新等方面。强调农机购置补贴属约束性任务,资金必须足额保障,不得用于其他任务支出。要求地方各级财政部门要安排必要的组织管理经费,用于保障补贴工作顺利实施。明确选择部分有条件、有意愿的省份开展农机购置综合补贴试点,资金支出方向可包括作业补贴、贷款贴息、融资租赁承租补助等,探索多种政策工具叠加使用的农机化综合性扶持政策体系。要求各省(区、市)要按需开展县(市)际余缺调剂,将实施进度低于序时进度县(市)的补贴资金调增给已出现供需缺口的县(市)。明确补贴资金出现较多缺口的省(区、市),应及时下调部分机具的补贴额,确保政策效益普惠共享。

《意见》要求,省级财政应当依法安排农机购置补贴资金。考虑到各地农业发展实际和地区差异性,以及财政资金供需情况,鼓励地方各级财政安排资金,优先用于对地方特色农业发展所需和小区域适用性强的机具补贴，与中央财政资金互为补充，更好地发挥中央和地方财政资金的叠加效应。

第三节　农业机械报废更新补贴

2020年，为加快老旧农业机械报废更新进度，进一步优化农机装备结构，促进农机安全生产和节能减排，根据《农业机械安全监督管理条例》《国务院关于加快推进农业机械化和农机装备产业转型升级的指导意见》等有关法规政策要求，制定了《农业机械报废更新补贴实施指导意见》。

一、总体要求

全面贯彻党的十九大和十九届二中、三中、四中全会精神，牢固树立新发展理念，紧紧围绕实施乡村振兴战略，深入推进农业供给侧结构性改革，坚持"农民自愿、政策支持、方便高效、安全环保"的原则，通过政策支持进一步加大耗能高、污染重、安全性能低的老旧农机淘汰力度，加快先进适用、节能环保、安全可靠农业机械的推广应用，努力优化农机装备结构，推进农业机械化转型升级和农业绿色发展。

二、实施范围和补贴对象

中央财政从农机购置补贴中安排资金，实施农机报废更新补贴政策，对农民报废老旧农机给予适当补助。农机报废更新补贴政策在全国所有农牧业县（场）范围内实施，各省（区、市）及计划单列市、新疆生产建设兵团、黑龙江省农垦总局、广东省农垦总局（本节简称"各省"）也可结合实际，选择部分市县（场）开展试点再逐步扩大实施范围。补贴对象为从事农业生产的个人和农业生产经营组织，农业生产经营组织包括农村集体经济组织、农民专业合作经济组织、农业企业和其他从事农业生产经营的组织。

三、补贴种类和报废条件

中央财政资金补贴报废农机种类为《农业机械安全监督管理条例》规定的危及人身财产安全的农业机械，包括拖拉机、联合收割机、水稻插秧机、机动喷雾（粉）机、机动脱粒机、饲料（草）粉碎机、铡草机等，具体补贴种类由各省结合实际从中选择确定。补贴的报废农机应当主要部件齐全，来源清楚合法，机主应就机具来源、归属等作出书面承诺。纳入牌证管理的农机需要提供监理机构核发的牌证；无牌证或未纳入牌证管理的，应当具有铭牌或出厂编号、车架号等机具身份信息。报废农机的使用年限等技术条件由各省参照相关机械报废标准确定。对未达报废年限但安全隐患大、故障发生率高、损毁严重、维修成本高的农机，允许申请报废补贴。

四、补贴标准

中央财政农机报废更新补贴由报废部分补贴与更新部分补贴两部分构成。报废部分补贴实行定额补贴，补贴额由省级农业农村部门商财政部门确定。拖拉机和联合收割机报废补贴额不超过农业农村部发布的最高补贴额，各省可在此基础上归并或细化类别档次，确定具体补贴额。其他农机报废补贴额原则上按不超过同类型农机购置补贴额的30%测算，并综合考虑运输拆解成本等因素确定，单台农机报废补贴额原则上不超过2万元。在多个省份进行报废补贴的农机，相邻省农业农村部门应加强信息沟通，力求补贴额相对统一稳定。更新部分补贴标准按农机购置补贴政策相关规定执行。

五、回收企业

报废农机回收企业（本节简称"回收企业"）应以当地具备资质的报废机动车回收拆解企业为主，也可选择依法具有农机回收拆解经营业务的其他企业或合作社。具体由各省农业农村部门依据《农业机械安全监督管理条例》等确定，并向社会公布。回收企业应当遵守国家有关消防、安全、环保的规定，按照《报废农业机械回收拆解技术规范》开展报废农机回收拆解工作。

六、操作程序

（一）报废旧机

机主自愿将拟报废的农机交售给回收企业。回收企业应当核对机主和拟报废的农机信息，向机主出具"报废农业机械回收确认表（样式）"（本节简称"确认表"），向当地农业农村部门提供机主和报废农机信息。回收企业及时对回收的农机进行拆解并建立档案，对国家禁止生产销售的发动机等部件进行破坏性处理。拆解档案应包括铭牌或其他能体现农机身份的原始资料，保存期不少于3年。县级农业农村部门应对回收企业拆解或者销毁农机进行监督。

（二）注销登记

纳入牌证管理的拖拉机和联合收割机机主持"确认表"和相关证照，到当地负责农机牌证管理的机构依法办理牌证注销手续。相关机构核对机主和报废农机信息后，在"确认表"上签注"已办理注销登记"字样。

（三）兑现补贴

机主凭有效的"确认表"，按当地相关规定申请补贴。当地农业农村部门、财政部门按职责分工进行审核，财政部门向符合要求的机主兑现补贴资金。各地可结合实际，设置个人和农业生产经营组织年度内享受报废补贴的农机数量上限。县级农业农村部门应按照报废补贴机具总量不超过购置补贴机具总量的原则，合理确定年度报废补贴农机数量。

七、工作要求

（一）加强组织领导

各级农业农村部门、财政部门、商务部门要切实加强农机报废更新补贴工作的组织领导，明确职责分工，密切配合，形成工作合力。要细化完善管理措施，建立健全制度机制。要加强政策宣传，扩大公众知晓度。大力推行信息公开，对享受补贴的信息进行公示，对实施方案、补贴额、操作程序、投诉咨询方式等信息全面公开，主动接受监督。要加强补贴业务培训，提高工作人员素质能力。地方各级财政部门要加大投入力度，保障必要的工作经费。

（二）推行便民服务

各地有关部门要强化服务意识，创新工作方式，鼓励采取"一站式"服务、网上办理等便民措施，提高工作效率和服务质量。要做好与农机购置补贴工作信息平台的衔接，加快实现回收拆解等信息与农机购置补贴相关信息的互联互通，提高补贴申请资料校核效率。鼓励机动车回收拆解企业、农机维修企业、农机合作社合作开展农机报废回收工作，鼓励回收企业上门回收、办理业务。允许机主购买与报废种类和数量不同的农业机械。

（三）强化监督管理

各省要将农机报废更新补贴实施纳入农机购置补贴延伸绩效管理考核内容，强化结果运用。有关部门按照各自职责加强对农机报废更新补贴工作的监管。对未纳入牌证管理的农机具，各省要制定风险防控措施，严格加强监管，严查虚假报补等骗套补贴资金的违规行为，严惩违规主体。发现回收企业存在违规行为，应视情节轻重，采取警告、通报、暂停参与补贴实施并限期整改、禁止参与补贴实施等措施进行处理。对弄虚作假套取国家补贴资金的企业、个人和农业生产经营组织，要参照农机购置补贴的有关规定和原则进行严肃处理。

（四）及时报送情况

各省要根据《农业机械报废更新补贴实施指导意见》，结合实际制订印发本省农机报废更新补贴实施方案，并抄报农业农村部、财政部和商务部。要加强实施进度统计分析，严格执行进度季报制度，做好半年和全年总结分析，每年7月10日和12月10日前分别报送半年和全年农机报废更新补贴工作总结。

第六章 农业环境保护

第一节 保护耕地资源

一、依法保护耕地资源

保护耕地资源,是指在合理利用土地保持足够的耕地的同时,要保护提高耕地的质量,改良土壤,培育地力,提高其生产能力。

《中华人民共和国环境保护法》规定,各级人民政府应当加强对农业环境的保护,防治土壤污染、土地沙化、盐渍化、贫瘠化、沼泽化、地面沉降和防治植被破坏、水土流失、水源枯竭、种源灭绝以及其他生态失调现象的发生和发展,推广植物病虫害的综合防治,合理使用化肥、农药及植物生长激素。《中华人民共和国土地管理法》(以下简称《土地管理法》)进一步规定,使用土地的单位和个人,有保护、管理和合理利用的义务。

各级人民政府应当采取措施,保护耕地,维护排灌工程设施,改良土壤,提高地力,防治土地沙化、盐渍化、水土流失,制止荒废、破坏耕地的行为。

保证耕地总量不减少。通过行政、经济、法律的综合措施,保证我国现有耕地的总面积在一定时期内保持稳定。

二、非农业建设占用耕地补偿制度

《土地管理法》规定,国家实行占用耕地补偿制度。非农业建设经批准占用耕地,按照"占多少,垦多少"的原则,由占用耕地的单位负责开垦与所占用的耕地数量和质量相当的耕地;没有条件开垦或开垦的耕地不符合要求的,应当按照省(区、市)的规定缴纳耕地开垦费,专款用于开垦新的耕地。

三、基本农田保护制度

根据土地利用总体规划的要求及当地人口和耕地资源状况,将质量好、产量高、生产潜力大且集中连片的耕地划为基本农田,实行特殊保护的一种耕地保护制度。

开发未利用土地,将可以开发的未利用土地经过人类劳动的投入,使之变为可供利用的土地,补充农用地和建设用地。

四、土地复垦和恢复植被

土地复垦是指采取多种整治措施,使遭受破坏的土地恢复到可利用的状态。《土地管理法》规定,在临时使用的土地上不得修建永久性建筑物,使用期满,建设单位应当恢复土地的生产条件,及时归还;土地复垦应当充分利用邻近企业的废弃物填充挖损区、塌陷区和地下采空区;同时应防止造成新的污染。

《土地管理法》规定,因挖损、塌陷、压占等造成土地破坏,用地单位和个人应当按照国家有关规定负责复垦;没有条件复垦或者复垦不符合要求的,应当缴纳土地复垦费,专项用于土地复垦;复垦的土地应当优先用于农业。

《中华人民共和国矿产资源法》也作了类似的规定,开采矿产资源,应当节约用地;耕地、草原、林地因采矿受到破坏的,矿山企业应当因地制宜地采取复垦利用、植树种草或者其他利用措施。

五、新时期耕地资源保护政策

1. 耕地保护与质量提升补助政策

从 2014 年起,"土壤有机质提升项目"改为"耕地保护与质量提升项目"。2015 年中央财政安排 8 亿元资金,鼓励和支持种粮大户、家庭农场等新型农业经营主体及农民还田秸秆,加强绿肥种植,增施有机肥,改良土壤,培肥地力,促进有机肥资源转化利用,改善农村生态环境,提升耕地质量。一是全面推广秸秆还田综合技术。在南方稻作区,主要解决早稻秸秆还田影响晚稻插秧抢种的问题。在华北地区,主要解决玉米秸秆量大,机械粉碎还田后影响下茬作物生长、农民又将粉碎的秸秆搂到地头焚烧的问题。根据不同区域特点,推广应用不同秸秆还田技术模式。二是加大地力培肥综合配套技术应用力度。集成秸秆还田、增施有机肥、种植肥田作物、施用土壤调理剂等地力培肥综合配套技术,在开展补充耕地质量验收评定试点工作和建设高标准农田面积大、补充耕地数量多的省份大力推广应用。三是加强绿肥种植示范区建设。主要在冬闲田、秋闲田较多,种植绿肥不影响粮食和主要经济作物发展的地区,设立绿肥种植示范区,带动当地农民恢复绿肥种植,培肥地力,改良土壤。

2015 年,在东北地区开展黑土地保护试点工作,选取试点县,综合集成技术模式,加大投入,创新机制,着力改善黑土设施条件,全面提升黑土地质量,促进粮食和农业持续稳定发展。

2. 设施农用地支持政策

为进一步支持设施农业健康发展,2014 年《关于进一步支持设施农业健康发展的通知》,进一步完善了设施农用地政策。一是将规模化粮食生产所必需的配套设施用地纳入"设施农用地"管理。农业专业大户、家庭农场、农民合作社、农业企业等从事规模化粮食生产所必需的配套设施用地，包括晾晒场、粮食烘干设施、粮食和农资临时存放场所、大型农机具临时存放场所等设施用地，按照农用地管理，不需要办理农用地转用审批手续。二是细化了设施农用地管理的要求。生产设施、附属设施、配套设施用地占用耕地的，不需要补充耕地，鼓励采取耕作层剥离等技术措施保护耕地，签订土地复垦协议，替代在实践中很难做到的"占一补一"要求。平原地区规模化粮食生产配套设施建设，选址确实难以避开基本农田的，允许经论证后占用基本农田，并按质保量补划。鼓励地方政府统一建设公用设施，提高农用设施利用效率，集约节约用地。增加非农建设占用设施农用地时，应依法办理农用地转用和落实耕地占补平衡义务。国有农场的农业设施建设与用地，由省级国土资源部门会同农业部门及有关部门根据文件精神，另行制定具体实施办法。三是将设施农用地管理制度由审核制改为备案制。按照国务院清理行政审批的整体要求，将设施农用地管理由审核制改为备案制，在简化设施农用地审批程序的同时，要求乡镇、县级人民政府和国土、农业部门依据职责依法加强监督管理，并将设施农用地管理情况纳入省级政府耕地保护责任目标考核，落实共同监管责任。

第二节　保护水资源

一、保护水资源概述

水是自然环境中一个不可缺少的重要因素，是人类生活不能离开的资源。水资源，是指地表水和地下水。

地表水包括江河水、湖沼水、土壤水，以及地上的冰川等；地下水是指地表以下的水。地表水与地下水相互转化，难以绝对分开。

水资源又是一种再生的动态资源,与大气层降雨相互循环密切相关。总的说来,我国水资源是不丰富的。因此,开发利用水资源和防治水害,应当综合考虑地表水和地下水的特点,兼顾上下游、左右岸和地区之间的利益,根据近期与远期相结合的原则,按流域或者区域进行统一规划。我国有《中华人民共和国水法》保护水资源。

二、水资源保护与节约

1. 开发利用水资源,应注意维护生态环境

水是可再生的资源,应考虑既满足防洪、灌溉、发电、供水、航运、水生生物、旅游等方面的需要,又满足生态环境的需要。

2. 节约用水

我国水资源不丰富,尤其是淡水资源十分珍贵,我国淡水水域总面积约 16.6 万千米^2,全国年平均降水量 62 320 亿米^3,地面稳定径流量约 26 100 亿米^3,而总的可用量仅为 11 000 亿米^3。人均占有水量仅 2 000 多米^3,还不到世界人均占有量的 1/4。因此,我们必须节约用水。

农业用水的有效利用率一般只有 25%~40%。应通过改进灌溉技术,提高利用率,降低亩均耗水量。节约生活用水,主要是要把用水的多少和用户的经济利益结合起来,运用经济手段节约用水。国家对直接从地下或者江河、湖泊取水的,实行取水许可证制度和用水收费制度。

3. 水域、水工程保护

水域、水工程保护是指保护航道、堤防、护岸和水工程等设施;保护地下水资源,防止地面沉降;禁止围湖造田,禁止围垦河流等。水域,包括江、河、湖、海、水库等一切水面。

法律规定,在江河、湖泊、水库、渠道内,不得弃置、堆放

阻碍行洪、航运的物体，不得种植阻碍行洪的林木和高秆作物。在航道内不得弃置沉船，不得设置碍航渔具，不得种植水生植物。禁止围湖造田，禁止围垦河流。湖泊具有抗旱、防洪、调节气候和繁殖水生生物等作用，盲目围垦湖泊，将影响渔业生产及农林牧副业的全面发展。确需围垦的，应依法申请批准。

第三节　保护矿产资源

一、矿产资源保护概述

1. 矿产资源定义

矿产资源，是指可以用于生产和生活，在地壳中或地表某处聚集起来的、具有开采价值的矿物。它是人类赖以生存和发展的重要物质基础，又是人类可以利用但又不可再生的自然资源。

矿产资源包括呈固体、液体、气体状态的各种金属矿产、非金属矿产、燃料矿产、地下热能等。我国的矿产资源非常丰富，是世界上矿产种类比较齐全的国家之一，已探明储量的矿种有136种。必须合理利用、有效保护，做到合理开发，充分利用。

2. 合理开发利用

《中华人民共和国矿产资源法》不但规定了国家保障矿产资源的合理开发利用，禁止任何组织或者个人用任何手段侵占或者破坏矿产资源，而且也授权各级人民政府必须加强矿产资源的保护工作，进而从矿产资源的勘查开始，提出了具体要求，对矿产资源的勘查、开发实行统一规划、合理布局、综合勘查、合理开采和综合利用的方针。禁止乱挖滥采，破坏矿产资源。

3. 防止恶化环境

在矿产资源的勘查、开发利用工作中必须防止使环境质量恶化的情况。耕地、草原、林地因采矿受到破坏的，矿山企业应当因地制宜地采取复垦利用、植树种草或者其他利用措施。

4. 防止污染环境

在开采矿产资源时不得污染环境。为此，《中华人民共和国矿产资源法》作了原则性规定，开采矿产资源，必须遵守有关环境保护的法律规定，防止污染环境。

二、采矿许可证制度

采矿许可证是开发矿产资源许可证，目前，国家根据矿产资源的不同情况，授权不同的部门审批颁发。

第四节 保护森林资源

一、森林资源保护概述

森林资源，是指包括林地以及林区内野生的植物和动物。森林，包括竹林。林木包括树木、竹子。林地，包括郁闭度 0.3 以上的乔木林地、疏林地、灌木林地、采伐迹地、火烧迹地、苗圃地和国家规划的宜林地。森林作为资源来利用，是社会主义经济建设的重要组成部分。森林不仅生产木材和其他林产品，而且能调节气候、保持水土、防风固沙和防止大气污染，它是人类可持续利用可更新的资源。

我国森林资源较少，分布不均匀，东北较多，西南等边远地区极少。森林面积 18.3 亿亩，人均不足 2 亩，约为世界人均值的 1/10。因此，保护森林、发展林业，维持它的生态平衡，充分发挥森林资源的巨大作用，是一项重要的任务。

二、森林保护

严禁毁林开垦、乱砍滥伐。毁林开垦、乱砍滥伐的后果是水土流失、沙漠化、生态环境被破坏，对人类的危害是很严重的，其损失是难以弥补的。1980年12月和1982年10月，国家曾两度下达通知，制止乱砍滥伐森林。《中华人民共和国森林法》（以下简称《森林法》）规定，禁止毁林开垦、采石、采砂、采土以及其他毁坏林木和林地的行为；禁止向林地排放重金属或者其他有毒有害物质含量超标的污水、污泥，以及可能造成林地污染的清淤底泥、尾矿、矿渣等；禁止在幼林地砍柴、毁苗、放牧；禁止擅自移动或者损坏森林保护标志。为此，还规定了严厉的法律制裁措施。进行开垦、采石、采砂、采土或者其他活动，造成林木毁坏的，由县级以上人民政府林业主管部门责令停止违法行为，限期在原地或者异地补种毁坏株数1倍以上3倍以下的树木，可以处毁坏林木价值5倍以下的罚款；造成林地毁坏的，由县级以上人民政府林业主管部门责令停止违法行为，限期恢复植被和林业生产条件，可以处恢复植被和林业生产条件所需费用3倍以下的罚款。在幼林地砍柴、毁苗、放牧造成林木毁坏的，由县级以上人民政府林业主管部门责令停止违法行为，限期在原地或者异地补种毁坏株数1倍以上3倍以下的树木。向林地排放重金属或者其他有毒有害物质含量超标的污水、污泥，以及可能造成林地污染的清淤底泥、尾矿、矿渣等的，依照《中华人民共和国土壤污染防治法》的有关规定处罚。擅自移动或者毁坏森林保护标志的，由县级以上人民政府林业主管部门恢复森林保护标志，所需费用由违法者承担。

《森林法》规定，对森林实行限额采伐，鼓励植树造林，建立林业基金制度等多项措施，对森林进行保护。

三、植树造林

我国《宪法》规定，国家组织和鼓励植树造林，保护林木。《森林法》规定，植树造林、保护森林，是公民应尽的义务。

1. 提高森林覆盖率

森林覆盖率是反映林业现代化内涵的重要指标，是林业经济发展的基础，森林覆盖率的不断提高，是实现林业现代化的一个主要条件。

2. 营造防护林

防护林是以防护为主要目的的森林、林木和灌木丛，包括水源涵养林、水土保持林、防风固沙林、农田防护林、基本草牧场防护林、护岸林、护路林。

3. 建立用材林、经济林基地

用材林是以生产木材（竹林）为主的森林和林木。经济林是以生产果品、食用油料、饮料、药材和工业原料为主的林木。各地要因地制宜，适地适树地选用优良树种。

4. 植树造林

《森林法》规定，各级人民政府应当组织全民义务植树，开展植树造林活动，3月12日是植树节。年满11岁的中华人民共和国公民，除老弱病残者外，因地制宜，每人每年义务植树3~5株，或者完成相应劳动量的育苗、管护和其他绿化任务。

四、森林采伐

1. 森林采伐量

国家根据用材林的消耗量低于生长量的原则，严格控制森林年采伐量，这是保证森林资源持续利用所必需的。

2. 森林和林木的采伐方式

成熟的用材林根据不同情况，分别采取择伐、皆伐和渐伐方式。严格控制皆伐，并要求在采伐的当年或次年内完成更新造林。国防林、母树林、环境保护林、风景林，只准进行抚育和更新性质的采伐。名胜古迹和革命纪念地的林木、自然保护区的森林，严格禁止采伐。

3. 采伐许可证制度

除农村居民采伐自留地和房前屋后个人所有的零星林木外，采伐林木必须申请采伐许可证，按许可证的规定采伐。许可证的申请及审核发放，根据不同情况分别由所有地县级以上林业主管部门（或有关主管部门），或由县级林业主管部门委托的乡、镇人民政府审核发放。负责核发的部门和单位，在接到采伐林木申请后，除特殊情况外，应在1个月之内办理完毕。遇有紧急抢险情况，必须就地采伐林木的，可以免除申请林木采伐许可证，但事后组织抢险的单位和部门应将采伐情况报当地县级以上林业主管部门备案。

第五节 保护草原资源

一、草原资源保护概述

草原是指生长在温带气候半干旱、半湿润的地区，以旱生多年生草本植物为主体的植物群落，能够用作放牧和割草的场地。包括天然草场、人工改良草场、放牧场、打草场和草籽繁殖地。草原资源对我国社会主义经济建设的发展起着重要作用。由于种种原因，我国草原的损害也较严重，草场退化、草原沙化增加，乱开滥垦破坏了草原植被，还有鼠、虫等侵害。因此，为了保持保障草原资源的永续利用，必须重视对草原资源的保护。

二、保护草原植被

《中华人民共和国草原法》（以下简称《草原法》）规定，严格保护草原植被，禁止开垦和破坏。《草原法》还规定，草原使用者进行少量开垦，必须经县级以上人民政府批准。已经开垦并造成草原沙化或者严重水土流失的，县级以上地方人民政府应当限期封闭，责令恢复植被，退耕还牧。为了防止植被破坏，禁止在荒漠草原、半荒漠草原和沙化地区砍挖灌木、药材及其他固沙植物。未经县级人民政府批准，不得采集草原上的珍稀野生植物。为防止机动车辆破坏草原植被，规定机动车辆在草原上行驶，应当注意保护草原；有固定公路线的，不得离开固定的公路线行驶。

三、保护草原生态环境与防火

1. 草原生态环境保护

《草原法》规定，地方各级人民政府应当采取措施，防治草原鼠虫害，保护捕食鼠虫的益鸟益兽。防治草原地区牲畜疫病和人畜共患疾病。猎捕草原野生动物，应当遵守当地人民政府关于预防疫病流行的有关规定。

2. 草原防火

草原防火，贯彻"预防为主，防消结合"的方针。建立防火责任制，制定草原防火制度和公约，规定草原防火期。在草原防火期间，应当采取安全措施，严格管理。发生草原火灾，应当迅速组织群众扑灭，查明火灾原因和损失情况，及时处理。

四、合理利用草原和建设草原

合理利用草原，防止过量放牧。《草原法》规定，因过量放牧造成草原沙化、退化、水土流失的，草原使用者应当调整放牧强度，补种牧草，恢复植被。对已经建成的人工草场应当加强管理，合理经营，科学利用，防止退化。要合理利用，提高载畜能力。

第六节　保护野生动物、植物资源

一、动物、植物资源保护概念

野生动物，是指非人工驯养的，生存于自然界的哺乳动物、鸟类、爬行动物、两栖动物、鱼类、软体动物、昆虫、腔肠动物等。我国是世界上野生动物种类最多的国家，约占地界动物总种数的12%。必须加强对野生动物的保护，特别是对珍贵、濒危野生动物的保护。其中，我国特有或主要分布在我国的有熊猫、金丝猴、羚牛、白鳍豚和扬子鳄等。

野生植物，是指自然生长的被子植物、裸子植物和蕨类植物。其中稀有、渐危、濒危的种类，称为珍稀野生植物。据统计，我国高等植物就有3万多种，木本植物7千多种，共约占世界总数的10%。其中，不少为我国独有，如金钱松、台湾松、水松、珙桐和杜仲等。

二、野生动物资源保护

1. 野生动物的保护

（1）野生动物定义　《中华人民共和国野生动物保护法》规定保护的野生动物，是指珍贵、濒危的陆生、水生野生动物和有益的或者有重要经济、科学研究价值的陆生野生动物。国家保护野生动物及其生存环境，禁止任何单位和个人非法猎捕或者破坏。

（2）国家重点保护的野生动物的种类　国家重点保护的野生动物分为一级保护野生动物和二级保护野生动物。一级保护野生动物，是指中国特产稀有或濒于灭绝的野生动物，禁止任何组织和个人在任何时间、地点和使用任何方法猎捕、伤害，包括它们的幼体、卵等。二级保护野生动物，是指数量稀少或分布地域狭窄，若不采取保护措施将有灭绝危险的野生动物。禁止在自然保护区、风景名胜区及省（区、市）人民政府规定的其他禁猎区、禁猎期内，猎捕、伤害国家二级保护动物。

（3）国家保护野生动物的措施　国家建立自然保护区对野生动物进行保护。《中华人民共和国野生动物保护法》明确禁止对国家保护的野生动物的猎捕、杀害、出售、收购。

2. 野生植物资源保护

（1）我国的野生植物资源　我国有许多十分珍贵而稀有的树种，其中有许多中草药植物、香料植物和工业用植物等。合理地利用野生植物资源，保护珍稀野生植物，对发展经济、开展科学研究、改善自然环境都具有重要意义。

（2）野生植物资源保护的种类　一是野生植物的分级保护。野生植物的分级保护，是指珍贵、稀有野生植物的保护，珍贵植物是指我国特产并具有极为重要的科研、经济或文化价值的植物；稀有植物是指分布区范围狭窄、生存环境比较独特或者分布区虽广但零星分散的植物。对这些野生植物及其生存环境，国家实行重点保护。二是自然保护区保护。国家建立自然保护区对野生植物进行保护，我国著名的植物自然保护区有：稀有的南亚热带常绿阔叶林——鼎湖山自然保护区、丰林自然保护区，银杉——花坪自然保护区和金佛山自然保护区等。

（3）植物检疫专门法规保护　国家对植物检疫专门发布《植物检疫条例》，对植物检疫管理机构、植物检疫对象、植物检疫措施等均作了具体规定。

第七节　保护水产资源

一、水产资源的保护概述

水产资源是一种生物资源，即水生动植物。它的主要产品——鱼类，是人民生活中重要的副食品之一，各种水生动植物及其副产品（如鱼类的内脏、骨头等废弃物）在工业、农业和医药上的用途也很广泛。如果维护好水域环境，把开发利用和繁殖保护很好地结合起来，水产资源就可以稳步增殖；如果采捕过度，滥用危害资源的渔具去破坏水域环境，水产资源就会遭到破坏。水产资源一经破坏再恢复就比较困难。因此，在发展水产资源的同时，必须注意繁殖保护，加强水产事业的法制建设，提高水产科学管理水平，以便有效地保护和增加水产资源，使水产事业健康地发展。

二、水产资源保护的法律规定

1. 水产资源保护对象和采捕原则

（1）保护对象　水产资源保护对象的确定，除了一些珍稀名贵的水生动植物品种外，主要根据我国水产资源的状况和人民生活的需要情况来决定。

（2）采捕的原则和标准　采捕的原则和标准是根据水产资源的生物特点和它的生长规律来制定的。水生动物的可捕标准，应当以达到性成熟为原则。对各种捕捞对象应当规定具体的可捕标准（长度或重量）和渔获物中小于可捕标准部分的最大比重。捕捞水生动植物时，应当保留足够数量的亲体，使资源能够稳定增长。对于各种经济藻类和淡水食用水生植物，应当待其长成后方得采收，并注意留种、留株、合理轮采。

2. 加强捕捞监督管理

（1）划定禁渔区　为维护国家的渔业权益，保护水产资源，以法律形式规定禁止某种渔业在划定的水域内进行捕捞作业，这个划定的水域就是该渔业的禁渔区。

（2）禁渔期　在一定时间和在一定的水域，禁止全部捕捞作业，或限制作业的种类和某些作业的渔具数量，以保护和合理捕捞渔业资源。县级以上人民政府渔业行政主管部门，可以确定重点保护的渔业资源品种及采捕标准。在重要的鱼、虾、蟹、贝、藻类，以及其他重要水生生物的产卵场、索饵场、越冬场和洄游通道，规定禁渔区和禁渔期。

（3）渔具和渔法　为了保护渔业资源，在一定的地区内，按不同的捕捞对象对捕捞作业的工具、方法分别提出具体规定和要求。应当按不同捕捞对象，分别规定各种主要渔具的最小网眼（箔眼、尺寸）。其中，机轮拖网、围网和机帆船拖网的最小网眼尺寸由国家渔产行政主管部门规定。对于危害资源的渔具、渔捕，应根据危害资源的程度，分别予以改进、限期淘汰或禁止使用。

第八节　保护农业环境

一、我国农业环境概述

1. 农业环境的定义

农业环境，是指农作物、林木、果树、畜禽和鱼类等农业生物赖以生存、发育、繁殖的自然环境，主要包括农田土壤、农业用水、空气、日光、温度等。当前由人类活动所引起的农业环境质量恶化已成为妨害农业生物正常生长发育、破坏农业生态平衡的突出问题。其中既有由农业外的人类活动引起的，也有由农业生产本身引起的。

2. 来自农业外的污染与危害

（1）农区大气污染 全世界每年排入大气的废气中约含400多种有毒物质，通常造成危害的有30余种。主要的有害气体包括二氧化硫、氟化物、氯、光化学烟雾、粉尘。

（2）农业用水污染 由工矿企业排放的未经净化的废水、废渣、废气和城镇居民排放的生活污水是主要的污染源。农业用水中危害较大的污染物质主要有：氰化物和酚、苯类；三氯乙醛；次氯酸；油类；洗涤剂（主要来自家庭生活污水）；氮素过剩（城市污水和畜舍污水中均富含氮素）；病原微生物。

（3）农田土壤污染 与农业用水污染密切有关。造成农田土壤污染的有毒元素主要有镉、汞、砷、铅、硒等。

此外，农业用水和农田土壤中的有害物质还常污染水体，对水产业造成危害。每升水中氰化物0.3~0.5毫克的含量就可使许多鱼类致死；酚可影响鱼、贝类的发育繁殖；镉、汞和铅对鱼类生存的威胁很大。

3. 来自农业本身的污染与危害

（1）农药污染 一些长效性农药如滴滴涕、六六六等。另外，农药的长期使用还会因害虫的天敌被消灭和害虫、致病微生物产生抗药性而加剧病虫为害。

（2）化肥污染 长期过量施用化肥或施用不当可造成明显的环境污染或潜在性污染。

（3）盲目性的农事活动 对森林、草原以及水、土等农业自然资源不合理的开发利用等，也是恶化农业环境、破坏农业生态平衡的重要原因。

二、保护农业环境的措施

1. 控制和消除污染源

世界各国已颁布几十项有关农业环境保护的法律、条例，规定了 50 多种污染物的环境标准。我国已颁布的有关标准或条例有《农田灌溉水质标准》《农药安全使用标准》《农业环境保护条例》《全国农业环境监测条例》等。此外，在《中华人民共和国环境保护法》《中华人民共和国土地管理法》《中华人民共和国草原法》《中华人民共和国渔业法》等法规中也有相关规定。内容主要包括对污染物的净化处理、排放标准以及排放量和浓度的限制等。除立法手段外，还常辅以行政措施和经济制裁，如排污收费、污染罚款等。

2. 农业环境监测

目的在于迅速掌握农业环境污染的现状和动向，提供预报资料，以便及早采取相应措施，防止污染物质危害，并为制定长期对策提供科学依据。监测内容以危害农业环境的主要污染物为重点，在紧急情况下，可进行特定项目的监测。

3. 污染防治措施

除严格控制和消除污染源外，可以采取如下一些防治措施。

（1）利用植物防治　选用具有较强抗性和耐污性的树种营造防污林带，以阻止大气污染物的扩散，并通过林网吸收污染物质等。某些对污染物敏感的植物，则可作为指示植物用来监测大气污染。

（2）利用某些生物的自净能力　池、沼、库、塘、湖泊等水域中的某些水生生物除能将酚、氰等毒物分解成无毒物质外，对汞、镉、铬、锌等元素也有较强的吸收能力。

（3）耕作措施防治　对已被污染的土壤，除发挥土壤自然净化作用外，可通过深翻、刮土甚至换土等方法来消除污染。此外，增加土壤有机质含量可提高土壤的净化能力；施加石灰、磷酸盐、硅酸盐等可抑制植物对重金属的吸收。

（4）合理使用农药、化肥　禁用和限制使用剧毒农药和稳定性强的农药，发展高效、低毒、低残留农药，以及利用天敌，培养抗性品种，采取综合措施防治病虫害等。

（5）维护生态平衡　可以采取的措施包括种植防护林，禁止对草原、森林和水域的不合理开发以及保护和利用天敌等。

第七章 农业生态保护

第一节 规范水产养殖投入品使用

2021年,农业农村部发布《农业农村部关于加强水产养殖用投入品监管的通知》(本节简称《通知》),指导地方农业农村(畜牧兽医、渔业)部门,进一步加大对生产、进口、经营和使用假、劣水产养殖用兽药、饲料和饲料添加剂等违法行为的打击力度,全面开展3年整治,着力整顿相关产品生产、经营和使用秩序。

一、出台的背景和意义

水产养殖用投入品,如兽药、饲料和饲料添加剂,是水产养殖中重要的生产资料。这些产品的质量关系到水产养殖业健康发展,更关系到养殖水产品质量安全以及食品安全、生态安全。一直以来,农业农村部高度重视水产养殖用投入品监管问题,坚持依法强化相关产品生产、经营和使用等环节的监督执法,加强产地水产品兽药残留监控,严厉打击相关违法行为,确保广大人民群众消费养殖水产品的舌尖上的安全。但近年来有部分企业故意以"非药品""动保产品"等名义,将应按照兽药、饲料和饲料添加剂管理的产品"改头换面",规避政府监管,有的产品掺杂使假,造成养殖水产品的质量安全隐患和环境问题。

农业农村部在深入调查和征求各方意见基础上,研究制定、下发了《通知》，主要目的是进一步明确水产养殖用投入品内涵和监管范围，明确地方农业农村（畜牧兽医、渔业）部门的监管职责，部署开展3年整治行动，打击相关违法活动，整治市场秩序，规范投入品使用，确保养殖水产品质量安全。

二、《通知》的主要内容

《通知》对地方农业农村（畜牧兽医、渔业）部门下一步加强水产养殖用投入品监管提出了5点工作要求。

一是明确责任。地方农业农村（畜牧兽医、渔业）部门要依照《兽药管理条例》《饲料和饲料添加剂管理条例》有关规定，准确把握水产养殖用兽药、饲料和饲料添加剂的含义及管理范畴，该管的产品就要依法监管。

二是强化管理。《通知》特别强调，水产养殖用投入品，应当按照兽药、饲料和饲料添加剂管理的，无论是否冠以"××剂"的名称，均应依法取得相应生产许可证和产品批准文号，方可生产、经营和使用。市场上所谓"水质改良剂""底质改良剂""微生态制剂"等产品中，用于预防、治疗、诊断水产养殖动物疾病或者有目的地调节水产养殖动物生理机能的，应按照兽药监督管理。

三是严厉整治。农业农村部将在2021—2023年连续3年开展水产养殖用兽药、饲料和饲料添加剂相关违法行为的专项整治，重点查处故意以所谓"非药品""动保产品"等名义生产、经营和使用假兽药，逃避兽药监管的违法行为，决不能使一些"改头换面"的违法产品轻易逃避监管。

四是白名单制度。在全国试行水产养殖用投入品使用白名单制度。在使用环节，对发现养殖者使用兽药、饲料及饲料添加剂等白名单以外投入品的，依法查处或公布其产品可能存在质量安全风险隐患的警示信息，督促养殖者主动使用合法水产养殖用投入品。

五是提升服务。坚持疏堵结合，打击不法产品，同时鼓励有条件的相关企业依法规范生产、经营。积极为兽药、饲料和饲料添加剂生产、经营企业提供服务，优化审批流程，加强法律普及和政策宣传，提升养殖者规范用药意识，发挥相关社团自律作用，引导相关企业规范生产、经营。

三、水产养殖用投入品使用白名单制度

合法与非法水产养殖用投入品黑白分明，投入品从来没有"不白不黑"的"灰色地带"。水产养殖用投入品涉及食品和生态安全，其技术要求依法应当制定强制性国家标准，并依法按照强制性国家标准生产。农业农村部依照相关法律法规对兽药、饲料和饲料添加剂进行审批，通过安全性评价、临床（或稳定性）试验等一系列法定程序，验证相关产品安全、稳定、有效和环保性等要求，产品质量符合国家强制性标准，才批准其产品生产。但是，目前市场上一些号称可用于水产养殖的产品，其生产企业仅有自行声明的产品企业标准，未经过农业农村部的安全性评价和临床（或稳定性）试验，无法确认其产品安全、有效和环保性，无国家强制性标准可依，养殖生产、产品质量和环境风险都存在不确定性。

农业农村部试行水产养殖用投入品使用白名单制度，主要目的就是引导水产养殖者依法规范使用农业农村部批准的水产养殖用投入品（即白名单内投入品），拒绝购买使用无法确保安全、有效和环保的其他产品。地方农业农村（渔业）部门一旦发现养殖者使用白名单以外的投入品，要依法进行查处，涉嫌犯罪的移交司法部门追究刑事责任；另外，还要公开发布其养殖产品的质量安全风险隐患警示信息。经调查发现，养殖者使用白名单以外的投入品行为，并未违反现行法律法规的，仍公开发布质量安全风险隐患警示信息。通过依法查处、公开警示、教育宣传和社

会监督等一系列措施，让广大水产养殖者只能购买使用正规水产养殖用兽药、饲料和饲料添加剂，逐步杜绝购买使用其他未批准产品，真正做到规范使用投入品。同时，推动正规水产养殖用兽药、饲料和饲料添加剂占领市场，以"良币"驱逐"劣币"。

2021年5月，农业农村部制定了《实施水产养殖用投入品使用白名单制度工作规范（试行）》，说明如何查询水产养殖用投入品白名单内产品信息，规定《养殖水产品质量安全风险隐患警示信息公示（基本格式）》，以及信息公示有关工作要求，指导地方农业农村（渔业）部门和企业规范使用白名单投入品。

第二节　农用薄膜管理办法

2020年，农业农村部、工业和信息化部、生态环境部、市场监管总局联合印发了《农用薄膜管理办法》（本节简称《办法》）。下面对《办法》的出台背景、主要内容及特点进行介绍。

一、出台背景

农用薄膜是重要的农业生产资料。我国农用薄膜覆盖面积大、应用范围广，在增加农作物产量、提高品质、丰富农产品供给等方面发挥了重要作用，但部分地区农用薄膜残留污染严重，成为制约农业绿色发展的突出环境问题。

党中央、国务院高度重视农用薄膜污染治理工作，对建立健全农用薄膜管理制度提出了明确要求。2019年1月1日起施行的《中华人民共和国土壤污染防治法》（以下简称《土壤污染防治法》）规定，农业投入品生产者、销售者和使用者应当及时回收农用薄膜，具体办法由国务院农业农村主管部门会同国务院生态环境等主管部门制定。根据中央决策部署和《土壤污染防治法》的要求，农业农村部会同工业和信息化部、生态环境部和市场监管总局依据现行法律法规，结合实际情况，研究制定了《办法》。

二、构建农用薄膜全程监管体系

《办法》最突出的特点就是遵循全链条监督管理的思路，构建了覆盖农用薄膜生产、销售、使用、回收等环节的监管体系。《办法》规定，地方各级人民政府依法对本行政区域农用薄膜污染防治负责，组织、协调、督促有关部门依法履行农用薄膜污染防治监督管理职责。县级以上人民政府农业农村主管部门负责农用薄膜使用、回收监督管理工作，为农用薄膜使用者提供技术指导和服务，指导农用薄膜回收利用体系建设，建立农用薄膜残留监测制度；县级以上人民政府工业和信息化主管部门负责农用薄膜生产指导工作，督促生产者依法依规执行好相关标准；县级以上人民政府市场监管部门负责农用薄膜产品质量监督管理工作，建立农用薄膜市场监管制度，定期开展农用薄膜质量监督检查；县级以上人民政府生态环境部门负责农用薄膜回收、再利用过程环境污染防治的监督管理工作。

三、农用薄膜生产、销售、使用环节的要求

为了便于农用薄膜产品追溯和市场监管，《办法》对生产者、销售者、使用者在相关环节的行为作出了明确规定。一是生产者应当执行农用薄膜相关标准，在产品上添加企业标识，标明推荐使用时间，建立出厂销售记录制度。二是销售者应当依法查验农用薄膜产品的包装、标签、质量检验合格证，不得采购和销售未达到强制性国家标准的农用薄膜，不得将非农用薄膜销售给农用薄膜使用者，依法建立销售台账。三是使用者应当按照产品标签标注的期限使用农用薄膜，生产企业、专业合作社等使用者

应当依法建立农用薄膜使用记录。

四、农用薄膜的回收利用

为落实不同主体的回收责任,《办法》规定,使用者应当在使用期限到期前捡拾田间的非全生物降解农用薄膜废弃物,交至回收网点或回收工作者,不得随意弃置、掩埋或者焚烧;生产者、销售者、回收网点、废旧农用薄膜回收再利用企业或其他组织等应当开展合作,采取多种方式,建立健全农用薄膜回收利用体系,推动废旧农用薄膜回收、处理和再利用。

为激励各方参与农用薄膜回收,完善回收利用的措施,《办法》提出,一是鼓励研发、推广农用薄膜回收技术与机械,因地制宜、多措并举开展废旧农膜回收再利用;二是鼓励和支持生产、使用全生物降解农用薄膜;三是支持废旧农用薄膜再利用企业按照规定,享受用地、用电、用水、信贷、税收等优惠政策,扶持从事废旧农用薄膜再利用的社会化服务组织和企业。

第三节 畜禽养殖粪污资源化利用

2020年,农业农村部办公厅、生态环境部办公厅联合印发《关于进一步明确畜禽粪污还田利用要求强化养殖污染监管的通知》(本节简称《通知》)。农业农村部畜牧兽医局、生态环境部土壤生态环境司负责同志围绕《通知》相关问题进行解读。

一、出台的意义

畜禽粪肥还田利用是解决畜禽养殖污染问题的根本出路,也是治本之策。近年来,各地全面落实《国务院办公厅关于加快推进畜禽养殖废弃物资源化利用的意见》,以农用有机肥为主要利用方向,强化政策支持引导,加强实用技术推广,推动建立市场化机制，畜禽粪肥还田利用取得了阶段性成效。但是，我国种养主体分离，种地的不养猪，养猪的不种地，种养不匹配的问题普遍存在，畜禽粪肥还田利用"最后一公里"还没有完全打通。《农业农村部办公厅　生态环境部办公厅关于促进畜禽粪污还田利用加强养殖污染治理的指导意见》指出，鼓励指导各地加快推进畜禽粪污资源化利用，畅通粪污还田渠道，加快畜禽养殖污染防治从重达标排放向重全量利用转变。为进一步明确粪污还田利用适用标准，落实养殖场（户）污染防治主体责任，强化畜禽养殖污染监管，切实提高畜禽养殖粪污资源化利用水平，制定了《通知》。

二、出台的总体考虑

一是党中央、国务院对畜禽废弃物资源化利用作出明确部署。近年来，我国畜牧业持续稳定发展，规模化养殖水平逐年提高，这保障了肉蛋奶稳定供给，但部分畜禽粪污没有得到有效处理和利用，成为农村环境治理的一大难题。党中央、国务院高度重视畜禽粪污资源化利用工作。2017年5月，《国务院办公厅关于加快推进畜禽养殖废弃物资源化利用的意见》印发。为深入贯彻落实党中央、国务院决策部署，亟须进一步明确畜禽粪污还田利用要求，科学有序推进粪污资源化利用工作。

二是进一步规范畜禽粪污资源化利用工作的需要。畜禽粪污资源化利用是畜禽养殖业污染防治最为经济有效的途径。目前，我国畜禽粪污综合利用率达到75%，规模养殖场粪污处理设施装备配套率达到93%，畜禽粪污资源化利用的步伐明显加快，有力促进了畜牧业生产与环境保护协调发展。但由于缺乏统一规范要求，各地在推进畜禽粪污资源化利用过程中执行标准不一，资源化利用不当而导致环境污染的现象时有发生。《通知》进一步明确了畜禽粪污资源化利用应遵循的技术规范与标准，为进一步规范畜禽粪污资源化利用提供具体指导。

三是畅通粪污还田利用渠道的有力保障。目前，我国畜禽粪污还田利用标准不完善，监管体系不健全，实际工作中还存在一些误区。在执行标准方面，将液体粪污作为肥料利用和作为灌溉水利用混为一谈，常常要求液体粪污必须达到《农田灌溉水质标准》后才能农田利用，极大地阻碍了畜禽粪污还田利用。由于对畜禽粪污资源化利用缺乏明确的监管执法依据，地方管理部门更加倾向选择易于监管的治理方式，也不利于畜禽粪污资源化利用工作的开展。《通知》明确了畜禽粪污还田应执行的标准以及将粪污处理和粪肥利用台账作为监督执法的重要依据，为畅通粪污还田渠道、防范环境风险提供了有力保障。

三、《通知》的主要内容

《通知》明确，国家鼓励畜禽粪污还田利用，支持养殖场（户）建设畜禽粪污处理和利用设施。已获得环评批复的规模养殖场如需由达标排放（含按农田灌溉水标准排放）变更为资源化利用（不含商业化沼气工程和商品有机肥生产），在项目竣工环保验收前变更的，按照非重大变动纳入竣工环境保护验收管理；在竣工环保验收后变更的，按照改建项目依法开展环评。

《通知》要求，畜禽粪污的处理应根据排放去向或利用方式的不同执行相应的标准规范。作为肥料利用应符合《畜禽粪便无害化处理技术规范》《畜禽粪便还田技术规范》《畜禽粪污土地承载力测算技术指南》；向环境排放的，应符合《畜禽养殖业污染物排放标准》和地方有关排放标准；用于农田灌溉的，应符合《农田灌溉水质标准》。

《通知》强调，各地要督促指导规模养殖场制定畜禽粪肥还田利用计划，推动建立畜禽粪污处理和粪肥利用台账。加强日常监测，严防还田环境风险。加快畜禽粪污资源化利用先进技术和装备研发，积极推广全量收集利用畜禽粪污、全量机械化施用等经济高效的粪污资源化利用技术模式。

四、养殖项目的粪污处理方式变更的环评程序

养殖项目的粪污处理方式变更，在环评管理中属于污染防治措施的变化，根据《中华人民共和国环境影响评价法》规定，这种变化属于重大变动的，应重新报批环评。2015年6月，环境保护部出台了《关于印发环评管理中部分行业建设项目重大变动清单的通知》，进一步细化了对重大变动的界定原则，并明确不属于重大变动的纳入竣工环境保护验收管理。养殖项目粪污处理方式由处理达标排放或灌溉变更为还田、非商业化的沼气和有机肥制造等资源化利用，均有相关管理规定，总体环境影响有限，统筹考虑应按照非重大变动管理，纳入竣工环境保护验收管理。但是，变更为大规模的商业化沼气工程和商品有机肥生产，将可能产生较大的生态环境影响，应按照相应项目类型依法开展环境影响评价，报有审批权的部门审批。同时，项目验收后，养殖项目粪污处理方式发生变更的，应当视为新的改建项目，按照改建项目的分类依法开展环境影响评价。

五、畜禽粪污经无害化处理后还田利用的标准和要求

一是畜禽粪污无害化处理应符合《畜禽粪便无害化处理技术规范》。为确保畜禽粪污处理后作为粪肥安全利用，要求液体粪肥的蛔虫卵、钩虫卵、粪大肠菌群数、蚊子和苍蝇4项卫生学指标应符合《畜禽粪便无害化处理技术规范》规定的液体畜禽粪便厌氧处理卫生学要求。

二是畜禽粪污无害化处理后作为粪肥还田可参考《畜禽粪便还田技术规范》的施用方法，选择适宜的施用时间。畜禽粪污处理和畜禽粪肥施用过程中，应采取必要措施，减少养分损失，减

轻环境影响。

三是畜禽粪污还田配套土地面积应符合《畜禽粪污土地承载力测算技术指南》要求的面积。养殖场（户）应根据畜禽粪污所施农田的土壤状况、农林作物类型、种植制度等适时适量进行粪肥施用，合理确定畜禽粪肥施用量，不能过量施用畜禽粪肥。

六、畜禽粪污排放的标准和要求

粪污经处理后向环境排放应符合《畜禽养殖业污染物排放标准》和地方有关排放标准。养殖场（户）应根据不同工艺满足相应的最高允许排水量及最高允许日均排放浓度要求。必须设置废渣的固体贮存设施和场所，且要有防止粪液渗漏、溢流措施。用于直接还田的畜禽粪便，必须进行无害化处理，且符合相应卫生学指标。恶臭污染物排放应执行臭气浓度标准。用于农田灌溉的，应符合《农田灌溉水质标准》和地方制定的严于该标准的相关控制项目。

七、养殖场（户）应承担的责任

一是畜禽养殖场（户）应切实履行粪污收集处理利用和污染防治主体责任，采取措施，对畜禽粪污进行科学处理和资源化利用，防止污染环境。对于自行处理利用畜禽粪污的，应建设与养殖规模匹配的粪污无害化处理设施并确保其正常运行；对于委托第三方代为实现粪污无害化处理和资源化利用的，应配套粪污收集和暂存设施设备，确保粪污在第三方收集期间的存储容积。

二是畜禽规模养殖场应建设粪污无害化处理和资源化利用设施并确保其正常运行。粪污贮存设施总容积不得低于当地农林作物生产用肥的最大间隔时间内产生粪污的总量，配套土地面积不得小于《畜禽粪污土地承载力测算技术指南》要求的最小面积；对于配套土地面积不足的，应委托第三方代为实现粪污资源化，或进行污水深度处理后达标排放。

三是规模养殖场应制定粪肥还田利用计划并建立台账。应提前确定粪肥还田利用计划,根据养殖规模明确配套农田面积、农田类型、种植制度、粪肥施用时间及使用量等。同时需建立粪污处理和粪肥利用台账,及时记录粪污日处理量和粪肥施用时间、施用量与施肥方式等,确保台账数据真实准确。

八、各级农业农村、生态环境部门应承担的责任

一是农业农村部门应加强畜禽粪污还田技术指导和服务,指导建设粪污资源化利用配套设施等。鼓励养殖场(户)全量收集和利用畜禽粪污,根据实际情况选择合理的输送和施用方式。因地制宜推行经济高效的粪污资源化利用技术模式,推广全量机械化施用。

二是农业农村部门应加强技术和装备支撑,包括畜禽粪污全量收集技术与装备,粪污高效输送、施用技术与装备的研发及推广,着力破除粪污资源化利用过程中的技术和成本障碍。

三是生态环境部门负责畜禽养殖污染防治的统一监督管理,应依据职责对畜禽养殖污染防治情况进行监督检查,并加强对畜禽养殖环境污染的监测。对于排放畜禽养殖废弃物不符合国家或地方污染物排放标准,或者未经无害化处理直接向环境排放畜禽养殖废弃物的,由县级以上生态环境部门依法作出处罚。

第八章 农村土地管理

第一节 《中华人民共和国农村土地承包法》

《中华人民共和国农村土地承包法》（以下简称《农村土地承包法》）是为稳定和完善以家庭承包经营为基础、统分结合的双层经营体制，赋予农民长期而有保障的土地使用权，维护农村土地承包当事人的合法权益，促进农业、农村经济发展和农村社会稳定，根据《宪法》制定的法律。《农村土地承包法》自2003年3月1日起施行，并分别于2009年和2018年进行了修正。2018年新修正的《农村土地承包法》重点围绕农村集体土地所有权、土地承包权、土地经营权"三权"分置，农村土地承包关系保持稳定并长久不变、土地二轮承包到期后继续延长，完善土地承包经营权权能，维护进城务工落户农民土地承包权益，保护妇女土地权益等重大问题作了修改。

一、农村集体土地所有权、土地承包权、土地经营权"三权"分置

"三权"分置改革是继家庭承包责任制之后农村改革的重大制度创新，从理论和实践丰富了农村双层经营体制的内涵。家庭联产承包责任制实现集体土地的"两权"分离，主要解决调动亿万农民的生产积极性问题，"三权"分置主要解决农业适度规模经营、集约化经营及发展现代农业问题。

（一）集体土地所有权

农村集体土地所有权是经历了土地改革、初级社、高级社、人民公社等发展阶段，由自然资源与国家、集体长期投入形成的。我国《宪法》规定，农村和城市郊区的土地，除由法律规定属于国家所有的以外，属于集体所有。《中华人民共和国物权法》（本节简称《物权法》）规定，农村集体土地属于本集体成员集体所有。农村集体经济组织或者村委会代表集体经济组织行使所有权，享有对土地占有、使用、收益和处分的权利。我国农村集体土地所有权集体所有制同全民所有制一样，是社会主义经济制度的基础。修改《农村土地承包法》，需要与《宪法》及相关法律衔接好。

农村改革初期，土地承包经营权是按照债权思路设计的，村集体与农户签订承包合同，通过契约明确集体与农户的权利义务。为了防止长期形成的"计划体制""公社体制"的惯性影响，当时的立法倾向是防止集体所有权侵犯土地承包经营权。2007年制定的《物权法》，将土地承包经营权界定为用益物权，集体所有权侵犯承包经营权的问题从法律上得以解决。这次修改《农村土地承包法》，立足于坚持集体土地所有权制度，清晰界定集体土地所有权与土地承包经营权的权利内容，防止集体土地所有权虚置，做到权利平衡、不相互挤压。

原《农村土地承包法》将集体土地所有权的权利内容界定为发包权、监督权、管理权及法律、法规规定的其他权利。修改后的《农村土地承包法》，对集体经济组织在土地发包、土地流转、土地用途管制、土地合理利用、土地经营权融资担保管理等方面的权利进一步细化（第十四条、第四十五条、第四十六条、第四十七条、第六十四条）。

（二）土地承包权

土地承包权是承包地流转后从土地承包经营权中分置出来

的，农户拥有土地承包权是农村基本经营制度的基础。在实践中，取得承包权有两个条件：具有本集体经济组织成员资格（成员属性）；与发包方签订了承包合同，获得了承包地（财产属性）。

土地承包经营权与土地承包权的权利主体都是土地承包方。承包方的权利：一是在承包期内使用承包地，自主组织生产经营和处置产品的权利；二是在承包期内出租（转包）、互换、转让、入股、交回承包地获得收益的权利；三是承包地被征收、征用、占用获得补偿的权利；四是承包期内承包人应得的承包收益可以依法继承，林地承包人死亡，其继承人可以在承包期内继承承包等。土地承包经营权互换、转让须在集体经济组织内进行，互换是为了方便耕作，转让是放弃土地承包经营权，发包方需要与新承包方重新确定承包关系（第十七条、第二十七条、第三十条、第三十二条、第三十三条、第三十四条、第三十六条）。

在承包地未流转的情况下，承包方拥有土地承包经营权，既承包又经营（2017年约占全国承包农户的70%，承包土地的65%）。在承包地流转的情况下，承包方拥有土地承包权，只承包不经营，经营权流转给了第三方（2019年约占全国承包农户的30%，承包土地的35%）。流转是土地承包权设立的前提。如果承包方与第三方的土地流转合同到期，承包方仍享有土地承包经营权。土地承包权权能中的收益权和受限定的处分权（可以收回土地经营权但不能买卖承包地）是现实存在的，不是虚置的权利。

(三) 土地经营权

承包方采用出租（转包）、入股等方式将承包地流转给第三方使用后，土地经营权转移。保障土地经营权人依法享有的合法权益，规范流转行为，是完善农村土地承包法律制度的一个重点，也是农村基本经营制度的与时俱进。

土地经营权人的权利：一是按照合同使用流转的承包地，自主开展生产经营并取得收益（第三十七条）；二是因改善生产条件、提高生产能力获得相应补偿（第四十三条）；三是经承包方同意并向发包方备案，可以用土地经营权设定融资担保（第四十七条）；四是经承包方同意并向发包方备案，可以再流转土地经营权等（第四十六条）。土地经营权人承担的义务：支付土地流转对价，不改变流转土地的农业用途和连续两年以上弃耕抛荒，不破坏农业综合生产能力和土地生态环境等（第四十条、第四十二条）。

二、农村土地承包关系保持稳定并长久不变

落实中央关于农村土地承包关系保持稳定并长久不变的决策，确保农村土地承包制度改革于法有据，是修改《农村土地承包法》要考虑的又一重要问题。

2008年，党的十七届三中全会决定提出，赋予农民更加充分而有保障的土地承包经营权，现有土地承包关系要保持稳定并长久不变。2015年，中共中央《关于加大改革创新力度加快农业现代化建设的若干意见》提出，抓紧修改农村土地承包方面的法律，明确现有土地承包关系保持稳定并长久不变的具体实现形式。土地承包关系从"长期稳定"到"长久不变"，目的是给土地承包经营权人稳定的经营预期，巩固和完善农村基本经营制度。

三、第二轮土地承包到期再延长 30 年

党的十九大报告提出，第二轮土地承包到期后再延长30年，新修正的《农村土地承包法》及时将这个重大决策转化为法律规范。这样规定，既体现土地承包关系稳定的主基调，又有利于处理坚持土地集体所有与保护农民财产权的关系，有利于处理土

地承包制度稳定与完善的关系，有利于处理土地流转、适度规模经营与化解人地突出矛盾的关系。

耕地承包再延长30年，综合考量了土地适度规模和集约化经营、发展现代农业、城乡人口结构大变动的宏观背景和保障农民享有平等的土地权利等多种因素，符合农村实际。习近平总书记2017年10月19日在参加党的十九大贵州代表团审议时提到，确定30年时间，是同我们实现强国目标的时间点相契合的。到建成社会主义强国时，我们再研究新的土地政策。草地、林地二轮承包期届满后，按照相关规定继续延长（第二十一条）。

四、维护进城落户农民的土地承包经营权

原《农村土地承包法》规定，承包期内，承包方全家迁入小城镇落户的，应当按照承包方的意愿，保留其土地承包经营权或者允许其依法进行土地承包经营权流转。承包期内，承包方全家迁入设区的市，转为非农业户口的，应当将承包的耕地和草地交回发包方。承包方不交回的，发包方可以收回承包的耕地和草地。

党的十八届五中全会决定提出，维护进城落户农民土地承包权、宅基地使用权、集体收益分配权，支持引导其依法自愿有偿转让上述权益。新修正的《农村土地承包法》按照党的十八届五中全会精神作了衔接。

2018年，进城务工农民约有2.8亿人，其中1.1亿人在乡内务工，亦工亦农；1.7亿人在乡外务工，离土离乡。近些年每年进城落户1 500万～1 600万人。由于历史形成的城乡二元结构，城乡居民在经济权利实现上差别较大，农民形式上落户城市，但要完全融入城市将是长期的历史过程。进城务工落户农民在承包期内的土地承包经营权、宅基地使用权和集体收益分配权，是

基于其集体经济组织成员身份享有的财产性权利，在农民落户就业还处于不稳定状态时，不能剥夺其享有的上述权利。

对此，在制度设计上把握了 3 个原则。

第一，承包期内，农民进城落户，无论是部分成员还是举家迁入，都不以退出土地承包权为前置条件，稳定是主基调。

第二，承包期内，农民全家在城镇落户后，引导支持其依法自愿有偿转让承包地或流转土地经营权。

第三，把是否交回承包地的选择权交给进城落户农民和其原所在的集体经济组织，不代替农民和集体经济组织选择。从地方的试验看，只要补偿到位，自愿转让土地承包权是可以做到的，少数人交回承包地也是有的，补偿水平成为能否顺利转让或是否交回承包地的关键（第二十七条）。

五、土地经营权可以融资担保

党的十八届三中全会决定提出，在坚持和完善最严格的耕地保护制度前提下，赋予农民对承包地占有、使用、收益、流转及承包经营权抵押、担保权能。2015 年 12 月 27 日，第十二届全国人大常委会第十八次会议决定，授权国务院在北京大兴区等 232 个试点县（市、区）行政区域，暂时调整实施《物权法》《担保法》关于集体所有的耕地使用权不得抵押的规定，至 2018 年 12 月 31 日试点结束。

以承包地的土地经营权作为融资担保标的物，是以承包人对承包地享有的占有、使用、收益和流转权利为基础的，满足用益物权可设定为融资担保标的物的法定条件。随着土地承包经营权确权登记、农村土地流转交易市场完善，将承包地的土地经营权纳入融资担保标的物范围水到渠成。以承包地的土地经营权为标的物设定担保，当债务人不能履行债务，债权人依法定程序处分担保物，只是转移了承包地的土地经营权，实质是使用权和收益权,土地承包权没有转移,承包地的集体所有性质也不因此改变。

第三方通过流转取得的土地经营权,经承包方书面同意并向发包方备案,也可以向金融机构融资担保。由于各方面对继受取得的土地经营权是物权还是债权有争议,是作为用益物权设定抵押,还是作为收益权进行权利质押,分歧很大。立法不陷入争论,以服务实践为目的,使用了土地经营权融资担保概念,这是抵押、质押的上位概念,将两种情形都包含进去,既保持与相关民法的一致性,又避免因性质之争影响立法进程(第四十七条)。

六、承包经营权的入股权能

党的十八届三中全会决定提出,允许农民以承包经营权入股发展农业产业化经营。2014年11月,中共中央办公厅、国务院办公厅《关于引导农村土地经营权有序流转发展农业适度规模经营的意见》提出,引导农民以承包地入股组建土地股份合作组织,允许农民以承包经营权入股发展农业产业化经营。

对于农村土地承包经营权入股,原《农村土地承包法》是将家庭承包方式和"四荒地"招标、拍卖、公开协商承包方式分开处理的。对于家庭承包方式取得的承包地,原《农村土地承包法》将入股限定在承包方自愿联合从事农业合作生产的范围。对"四荒地"的土地承包经营权,原《农村土地承包法》规定可以采取入股方式流转。新修正的《农村土地承包法》增加了承包方可以采用入股的方式流转土地经营权的规定,但需向发包方备案。

承包地的土地经营权采取入股方式流转,与原《农村土地承包法》规定的土地承包经营权入股发展农业合作不同,前者宽泛,包括入股法人企业,后者是入股组建土地股份合作社;前者的治理结构可以是公司制，后者是股份合作制，是特殊的法人治理结构；承包地的土地经营权入股法人企业后，能处置的只是承包地的土地经营权，土地承包权仍归承包方，集体土地所有权也不改变。对此，新修正的《农村土地承包法》仅作原则性规定，给实践留出空间，以后总结经验并制定配套规定，同时注意与《公司法》等法律对接好（第三十六条）。

七、工商企业流转土地经营权的准入监管

近年来，一些工商企业投资农业，通过流转农民承包地，从事规模化经营，推动了农业结构调整，提高了农业生产力水平，但也出现借农业产业化经营之名行圈占农村土地之实，违法违规进行非农、非粮化建设，影响国家粮食安全和主要农产品供给的问题。对于工商企业进行农业产业化经营，一方面要鼓励，一方面要严格工商企业流转土地经营权的准入监管，总的要求是不得改变土地集体所有权性质、不得改变土地用途、不得损害农民土地承包权益。

新修正的《农村土地承包法》规定，县级以上地方人民政府应当建立工商企业等社会资本流转土地经营权的资格审查、项目审核和风险防范制度，本集体经济组织可以收取适量管理费用。上述规定，目的是加强农地用途管制和保护农民流转土地经营权的权益，是规范而不是堵，允许工商企业进入农业提升集约化经营水平的方向没有改变。当然，要禁止借机设置门槛搞权力寻租（第四十五条）。

八、妇女土地承包权益的保护

原《农村土地承包法》中对保护妇女土地承包权益已有规定。现实中侵害妇女土地承包权益，表现为通过制定村规民约，对结婚、离婚或丧偶妇女（包括入赘男）的土地承包权益、集

体经济收益的分配权益等进行限制。农村土地承包是按户承包，按人分地，妇女出嫁前，是具有土地承包经营权的家庭成员。妇女如在婚入地未取得承包地，按照原《农村土地承包法》的规定，婚出地的发包方不得收回其承包地。如果婚出地家庭兄弟姐妹分家析产，出嫁女依然享有原家庭承包土地的财产权益。新修正的《农村土地承包法》进一步明确，农户内家庭成员依法平等享有承包土地的各项权益。土地承包经营权证或者林权证应当将具有土地承包经营权的全部家庭成员列入（第十六条、第二十四条）。

　　这个问题还涉及《中华人民共和国村民委员会组织法》《中华人民共和国妇女权益保障法》。两法规定，村民自治章程、村规民约以及村民会议或者村民代表会议的决定不得与《宪法》、法律、法规和国家的政策相抵触，不得有侵犯村民的人身权利、民主权利和合法财产权利的内容。任何组织和个人不得以妇女未婚、结婚、离婚、丧偶等为由，侵害妇女在农村集体经济组织中的各项权益。因结婚男方到女方住所落户，男方和子女享有与所在地农村集体经济组织成员平等的权益。

　　对上述规定，在修改相关法律时增加法律责任，将违反法律规定的村民自治章程、村规民约及村民会议或者村民代表会议决定，明确为侵害妇女土地承包权益的违法行为；建立对村规民约的审查机制，规定乡镇政府依法对村民自治章程和村规民约的备案审查，对出现侵害妇女承包权益的及时责令改正；完善救济途径，赋予妇女向人民法院申请撤销侵害妇女承包权益的村民自治章程、村规民约及村民会议或者村民代表会议决定的权利等。

九、授权确认农村集体经济组织成员身份

　　有意见提出，应在《农村土地承包法》中对农村集体经济组织成员身份认定作出规定。因为只有具有农村集体经济组织成

员身份，才拥有土地承包经营权，丧失成员身份，就不再享有土地承包经营权。随着第二轮土地承包陆续到期，农村集体经济组织成员身份确认问题已十分迫切。鉴于自人民公社制度解体以来，集体经济组织成员身份边界不清问题由来已久，十分复杂。经反复权衡，新修正的《农村土地承包法》只作出衔接性规定，对确认农村集体经济组织成员身份的原则、程序等留给其他法律或法规具体规定（第六十九条）。

第二节　耕地资源管理

2020年，国务院办公厅印发了《关于防止耕地"非粮化"稳定粮食生产的意见》（本节简称《意见》）。

一、出台的背景和意义

习近平总书记强调，解决好吃饭问题，始终是治国理政的头等大事。近年来我国农业结构不断优化，区域布局趋于合理，粮食生产连年丰收，连续6年保持在1.3万亿斤[①]以上，为稳定经济社会发展大局提供坚实支撑。与此同时，部分地区也出现耕地"非粮化"倾向，一些地方把农业结构调整简单理解为压减粮食生产，一些经营主体违规在永久基本农田上种树挖塘，一些工商资本大规模流转耕地改种非粮作物等，这些问题如果任其发展，将影响国家粮食安全。随着我国人口数量增长、消费结构不断升级和资源环境承载力趋紧，粮食产需仍将维持紧平衡态势。今年突如其来的新冠肺炎疫情，使粮食等大宗农产品贸易链、供应链受到冲击，国际农产品市场供给不确定性增加。必须坚持把确保国家粮食安全作为"三农"工作的

---

① 保留政策文件中"斤"的使用，2斤=1千克。全书同。

首要任务，以稳定国内粮食生产来应对国际形势变化带来的不确定性，将有限的耕地资源优先用于粮食生产，采取有力措施防止耕地"非粮化"，着力稳政策、稳面积、稳产量，牢牢守住国家粮食安全的生命线。

党中央、国务院对此高度重视，习近平总书记多次作出重要指示，李克强总理提出明确要求。贯彻落实党中央、国务院决策部署，农业农村部会同国家发展改革委、财政部、自然资源部、司法部、国家粮食和物资储备局、国家林草局研究起草了"意见稿"，以国务院办公厅文件印发。《意见》强调，各地各部门要充分认识防止耕地"非粮化"稳定粮食生产的重要性、紧迫性，把确保国家粮食安全作为"三农"工作的首要任务，科学合理利用耕地资源，共同扛起保障国家粮食安全的责任；要坚持问题导向，明确耕地利用优先序，加强粮食生产功能区监管，稳定非主产区粮食种植面积，有序引导工商资本下乡，严禁违规占用永久基本农田种树挖塘；要坚持激励约束相结合，严格落实粮食安全省长责任制，完善粮食生产支持政策，加强耕地种粮情况监测，确保各项任务落实到位。

二、科学合理利用耕地资源的要求

耕地是粮食生产的根基。我国耕地总量少，质量总体不高，后备资源不足。面对农产品生产需求多样化，必须处理好发展粮食生产和发挥比较效益的关系，不能单纯以经济效益决定耕地用途，必须集中力量把最基本最重要的保住，将有限的耕地资源优先用于粮食生产，确保谷物基本自给、口粮绝对安全。对此，《意见》提出要科学合理利用耕地资源，明确耕地利用优先序。首先，永久基本农田要重点用于发展粮食生产，特别是保障稻谷、小麦、玉米三大谷物的种植面积。其次，一般耕地应主要用于粮食和棉、油、糖、蔬菜等农产品及饲草饲料生产。最后，在优先满足粮食和食用农产品生产基础上,适度用于非食用农产品生产。对市场明显过剩的非食用农产品,要加以引导,防止无序发展。

三、加强粮食生产功能区监管和建设

粮食生产功能区是在永久基本农田中划定的水土资源条件较好、基础设施较为完善、相对集中连片的地块,是确保粮食产能的核心区域,是稳定口粮种植面积的重要基础。按照国务院办公厅《关于建立粮食生产功能区和重要农产品生产保护区的指导意见》的要求,目前各地已划定9亿亩粮食生产功能区,并基本完成上图入库,精准落实到地块。据测算,粮食生产功能区建成后,可以保障我国95%的口粮和90%以上的谷物需求。按照《意见》要求,将从两方面入手,发挥粮食生产功能区在确保国家粮食安全中的作用。一方面,加强监管,防止粮食生产功能区弱化粮食生产。把粮食生产功能区落实到地块,引导种植目标作物,保障粮食种植面积。组织开展粮食生产功能区划定情况"回头看",对粮食种植面积大但划定面积少的进行补划,对耕地性质已发生改变、不符合划定标准的予以剔除并及时补划。引导作物一年两熟以上的粮食生产功能区至少生产一季粮食,种植非粮作物的要在种植一季后能够恢复粮食生产。不得擅自调整粮食生产功能区,不得违规在粮食生产功能区内建设种植和养殖设施,不得违规将粮食生产功能区纳入退耕还林还草范围,不得在粮食生产功能区内超标准建设农田林网。另一方面,加大政策支持力度,稳定粮食种植面积。研究制定"加强粮食生产功能区建设的意见",建立精准支持政策体系,推动相关农业资金向粮食生产功能区倾斜,优先支持粮食生产功能区内目标作物种植。把粮食生产功能区作为高标准农田建设重点,加快建成"一季千斤、两季一吨"的高标准粮田,提升粮食综合生产能力。

四、稳定各地区粮食生产

我国人多地少的基本国情，决定了必须举全国之力解决14亿人的吃饭大事，各地区都有保障国家粮食安全的责任和义务。但近年来一些粮食产销平衡区自给率明显下降，主销区自给率持续低位下行，主销区和产销平衡区粮食净调入量明显增加。《意见》要求，粮食主产区要努力发挥优势，巩固提升粮食综合生产能力，继续为全国作贡献；产销平衡区和主销区要保持应有的自给率，确保粮食种植面积不减少、产能有提升、产量不下降，共同维护好国家粮食安全。

按照《意见》部署，下一步将采取激励和约束相结合措施，调动各地区重农抓粮积极性。一是细化要求、粮食产销平衡区和主销区要按照重要农产品区域布局及分品种生产供给方案要求，制订具体实施方案并抓好落实，扭转粮食种植面积下滑势头。产销平衡区要着力建成一批旱涝保收、高产稳产的口粮田，保证粮食基本自给。主销区要明确粮食种植面积底线，稳定和提高粮食自给率。二是压实责任。各地要切实承担起保障本地区粮食安全的主体责任，稳定粮食种植面积，将粮食生产目标任务分解到市（县）。强化粮食安全省长责任制考核，提高粮食种植面积、产量和高标准农田建设等考核指标权重，细化对粮食主产区、产销平衡区和主销区的考核要求。严格考核并强化结果运用，对成绩突出的省份进行表扬，对落实不力的省份进行通报约谈，并与相关支持政策和资金衔接，切实发挥考核的"指挥棒"作用。三是利益补偿。健全粮食主产区利益补偿机制，落实产粮大县奖励政策，将省域内高标准农田建设产生的新增耕地指标调剂收益优先用于农田建设再投入和债券偿还、贴息等，让粮食生产大省大县种粮不吃亏、有动力。

五、防止大规模流转耕地不种粮的措施

近年来,各地积极引导和规范工商资本下乡,在带动乡村产业发展、加强农村基础设施建设、促进农民增收等方面发挥了积极作用,但也出现了工商资本违反相关产业发展规划大规模流转耕地不种粮的现象。为此,《意见》提出了4方面的解决措施。一是强化引导。强化政策激励和宣传引导,鼓励和引导工商资本发挥比较优势,到农村从事良种繁育、粮食加工流通和粮食生产专业化社会化服务等适合企业化经营、效益高、不与农民争利的领域,支持其与农户建立紧密利益联结机制,形成利益共同体,参与粮食全产业链发展。二是修订相关法规。修订《农村土地承包经营权流转管理办法》,形成《农村土地经营权流转管理办法》规范工商企业等社会资本租赁农地行为,加强对土地经营权流转的规范管理,防止浪费农地资源、损害农民土地权益,让农民成为土地流转和规模经营的积极参与者和真正受益者。三是健全监管制度。督促各地抓紧依法建立健全工商资本流转土地资格审查和项目审核制度,为引导农村土地规范有序流转提供必要的制度支撑。四是坚决制止违规行为。强化租赁农地监测监管,对工商资本违反相关产业发展规划大规模流转耕地不种粮的"非粮化"行为,一经发现要坚决予以纠正,并立即停止其享受相关扶持政策。

第三节 农村土地经营权流转管理

农业农村部发布《农村土地经营权流转管理办法》(本节简称《办法》),自2021年3月1日起施行。

一、出台背景

《农村土地承包经营权流转管理办法》是 2005 年农业部颁布实施的,对规范农村土地流转发挥了重要作用。党的十八大以来,中央出台了一系列相关政策措施。2014 年中共中央办公厅、国务院办公厅印发《关于引导农村土地经营权有序流转发展农业适度规模经营的意见》;2015 年《农业部 中央农办 国土资源部 国家工商总局关于加强对工商资本租赁农地监管和风险防范的意见》印发;2018 年第十三届全国人大常委会第七次会议表决通过新修订的《农村土地承包法》。这些政策法律确立了农村承包地"三权"分置框架,规范了农村土地经营权流转,赋予了土地经营权融资担保等权能,并要求建立工商企业等社会资本流转土地经营权准入监管制度,具体办法由国务院农业农村主管部门规定。综上,2005 年出台的《农村土地承包经营权流转管理办法》许多条款已不适应新的形势和法律政策要求,需要及时修改。2019 年以来,农业农村部组织有关方面对其进行修订,并广泛征求了社会各界意见,根据各方反馈意见进一步完善后,出台了《办法》。

二、《办法》体现的新内容

《办法》是适应新形势新实践新要求制定的,延续了中央一贯的政策基调,遵循了《农村土地承包法》的立法精神。《办法》的"新"主要体现在 3 个方面。

一是落实"三权"分置制度,采用了新名称。按照集体土地所有权、农户承包权、土地经营权"三权"分置并行要求,《办法》聚焦土地经营权流转,将规章名称修改为《农村土地经营权流转管理办法》,在依法保护集体所有权和农户承包权的前提下,主要就平等保护经营主体依流转合同取得的土地经营权,增加了一些具体规定，有助于进一步放活土地经营权，使土地资源得到更有效合理的利用。

二是贯彻加强监督管理要求，作出了新规定。落实《农村土地承包法》要求，《办法》明确了对工商企业等社会资本通过流转取得土地经营权的审查审核具体规定，以及建立风险保障制度的要求，以更好地保障流转双方合法权益。

三是围绕强化耕地保护和粮食安全，补充了新内容。落实习近平总书记最新重要指示精神和国务院办公厅《关于防止耕地"非粮化"稳定粮食生产的意见》《关于坚决制止耕地"非农化"行为的通知》要求，《办法》中强化了耕地保护和促进粮食生产的内容。

三、土地经营权流转的风险保障

受市场波动、自然灾害等多种因素影响，农业生产经营存在一定风险，特别是近年来粮食等农产品生产比较效益下降，导致一些经营主体因亏损而毁约甚至"跑路"。为了更好保障流转双方的合法权益，《办法》专门增加了加强流转风险保障的相关内容。

一是要求县级以上地方人民政府依法建立工商企业等社会资本通过流转取得土地经营权的风险防范制度。

二是鼓励各地建立多种形式的土地经营权流转风险防范和保障机制。例如，鼓励流转双方在土地经营权流转市场或农村产权交易市场公开交易，签订规范的流转合同，明确双方的权利义务；鼓励保险机构为土地经营权流转提供流转履约保证保险等多种形式保险服务。

三是明确有条件的可以设立风险保障金。在实践中，一些地方通过政府适当补助的形式建立了土地经营权流转风险保障金制度，取得了较好的效果。但考虑到各地差异较大，同时也避免增加经营主体负担，《办法》不要求统一设立风险保障金，只是规定涉及整村

(组)土地经营权流转面积较大、涉及农户较多、经营风险较高的项目可以设立风险保障金,但具体额度由流转双方协商。

第四节 高标准农田建设管理

2021年9月6日,农业农村部印发《全国高标准农田建设规划(2021—2030年)》(本节简称《规划》)。《规划》提出了今后一个时期高标准农田建设的指导思想、工作原则、总体目标、建设标准和建设内容、建设分区和建设任务、建设监管和后续管护、效益分析、实施保障等,是指导各地科学有序开展高标准农田建设的重要依据。

一、政策出台的背景

民以食为天,食以土为本。农田作为粮食生产的基础,其质量不仅影响粮食产量,还关系到农产品质量,是粮食安全的根基。同时,农田作为生态系统的重要组成部分,土壤是重要的碳库(碳汇),对推动农业绿色低碳发展、推进农业农村生态文明建设具有重要作用。

党中央、国务院高度重视高标准农田建设。习近平总书记多次作出重要指示,强调要突出抓好耕地保护和地力提升,加快推进高标准农田建设,切实提高建设标准和质量,真正实现旱涝保收、高产稳产。为此,农业农村部会同有关部门和地方政府认真贯彻落实党中央、国务院决策部署,深入实施"藏粮于地、藏粮于技"战略,加强政策支持,强化工作指导,推动各地大力推进高标准农田建设,改善农业生产条件、生态环境,提升粮食生产能力。截至2020年底,全国已完成8亿亩高标准农田建设任务。建成的高标准农田,在节水、节电、节肥、节药、节人工等方面均有明显的效果,亩均粮食产能一般增加10%~20%,亩均节本增效约500元，为保护农民种粮积极性、确保全国粮食产量连续多年稳定在1.3万亿斤以上发挥了重要支撑作用。

党的十九届五中全会明确提出，实施高标准农田建设工程，"十四五"规划纲要和近年来中央一号文件均对编制实施新一轮全国高标准农田建设规划作出具体部署。为此，农业农村部深入16个省120多个县开展实地调研，多次召开专题会议研讨论证，广泛征求中央有关部门、地方政府、相关领域专家、基层农田建设管理人员等各方面意见的基础上，牵头形成了《规划》。

二、政策出台的意义

第一方面，为什么要建设高标准农田？也就是我们怎么认识它的必要性和紧迫性。洪范八政，食为政首。习近平总书记反复强调要扛稳粮食安全重任，推进高标准农田建设，稳步提升粮食产能。建设高标准农田是巩固和提升粮食产能的关键举措。为此，各地大规模推进高标准农田建设，并取得了显著的成效。近年来，我国粮食连年丰收，全社会库存充裕，尤其是在应对新冠肺炎疫情中，粮食和重要农产品稳产保供，经受住了大考，发挥了重要作用，可谓"功不可没"。同时，我们也要看到，我国粮食仍处于而且将长期处于紧平衡状态。随着人口数量的增加，特别是消费结构、营养水平的提升，我国粮食需求都还将保持刚性增长的态势，再加上病虫害和自然灾害等不确定因素的影响，我国在粮食安全方面一刻也不能掉以轻心，必须要不断巩固和提升粮食的综合生产能力。

目前，从全国来看，我国的国情是人多地少水缺，而且耕地的质量总体还不高，中下等质量的耕地占到70%左右，后备资源不足。另外还存在光温、水土时空分配不均，利用不合理等问题，农田基础设施薄弱，抗灾减灾能力还不强。因此，当前和今后一个时期，我国粮食稳产保供既要保数量，还要保多样、保质量、保生态,确保国家粮食安全的任务还是相当艰巨的,或者说更加艰巨。为此,稳住粮食安全这个压舱石,既要确保耕地的数量,还要不断提升耕地质量以及整个农田的综合产能。高标准农田是旱涝保收、高产稳产的农田,是耕地中的精华。大力推进高标准农田建设,是巩固和提升粮食安全生产能力、保障国家粮食安全的关键举措和紧迫任务。"十四五"乃至今后更长一段时期,迫切需要加快高标准农田建设步伐,深入实施"藏粮于地、藏粮于技"战略,进一步筑牢国家粮食安全保障基础。

第二方面,高标准农田建设要达到一个什么样的目标和标准、建设的主要内容?《规划》对高标准农田建设内容提出了明确要求,就是要通过田块整治、土壤改良、灌排沟渠和田间道路配套等综合措施,不断改善农田基础设施条件,集中力量打造集中连片、旱涝保收、节水高效、稳产高产、生态友好的高标准农田。这里面既有软件部分,也有硬件部分。从近些年的实际情况看,高标准农田建成以后,能够显著提高水土资源利用效率,增强粮食生产能力和防灾抗灾减灾能力,建成后项目区粮食产能平均能够提高10%~20%。《规划》提出,到2022年建成高标准农田10亿亩,以此稳定保障1万亿斤以上粮食产能;到2025年建成10.75亿亩,并改造提升现有高标准农田1.05亿亩,以此稳定保障1.1万亿斤以上粮食产能;到2030年建成12亿亩,并改造提升现有高标准农田2.8亿亩。如果按1亩1000斤产量来计算,12亿亩就能稳定1.2万亿斤以上粮食产能。这约占当前粮食产量(1.3万亿斤以上)的90%,将为保障国家粮食安全发挥极其重要的作用,也可以说是不可替代的作用。

三、高标准农田高在哪里

高标准农田是按照国家统一规划和国家标准实施的重大农田基础设施建设项目。高标准农田高在哪里,主要体现在以下4个方面。

第一个"高"是农田质量高上。高标准农田集中连片、田块平整、规模适度、水路电等基础设施配套比较完备、土地比较肥沃，与现代农业生产条件相适应。通俗地讲，就是地平整、土肥沃、田成方、林成网、路相通、渠相连、旱能浇、涝能排。这很形象地说明高标准农田建设的农田质量是高的，适应农业现代化发展的需要，有利于推动规模化经营、机械化生产、标准化生产。

第二个"高"是产出能力高。从各地的实践看，高标准农田建成以后，一般能提高10%～20%的产能，也就是100千克左右的产能。

第三个"高"是抗灾能力高。高标准农田建成以后，由于设施条件大幅度改善，实现旱能浇、涝能排，稳产高产，大灾少减产，小灾不减产，一般年景多增产。

第四个"高"是资源利用效率高。高标准农田通过集中连片建设以后，规模化经营，有效提高了规模效益，提高了资源的利用效率。高标准农田节水、节肥、节药、节人工成效明显，很好地提升了资源利用效率。

四、《规划》的主要内容

《规划》深入贯彻习近平总书记关于粮食安全和高标准农田建设精神，在总结近年来农田建设情况的基础上，分析了全国高标准农田建设面临的形势，明确了高标准农田建设的方向和目标任务，是指导今后一个时期系统开展高标准农田建设的重要依据和行动指南，对凝聚各方共识加快构建农田建设新格局、推动农业高质量发展和乡村全面振兴、夯实国家粮食安全基础具有十分重要的意义。

概括起来，《规划》具有以下几个特点和主要内容。

第一，《规划》坚持系统思维和全局观念，立足我国国情和经济社会发展阶段,着眼长远和全局,综合考虑自然资源禀赋、工作基础、财力状况等因素,提出了今后一个时期高标准农田建设总体目标任务,明确到2025年累计建成10.75亿亩并改造提升1.05亿亩、2030年累计建成12亿亩并改造提升2.8亿亩高标准农田;到2035年,全国高标准农田保有量和质量进一步提高。

第二,《规划》紧扣高质量发展主题,明确了高标准农田建设的田(田块整治)、土(土壤改良)、水(灌溉与排水)、路(田间道路)、林(农田防护和生态环保)、电(农田输配电)、技(科技服务)、管(管理利用)8个方面的内容,可以说是集水、土、气、生态条件于一体,统筹协调的系统工程。要求加快构建科学统一、层次分明、结构合理的高标准农田建设标准体系。同时,综合考虑建设成本、物价波动、政府投入能力和多元筹资渠道等因素,逐步提高亩均投入水平,全国高标准农田建设亩均投资一般应逐步达到3 000元左右。

第三,《规划》紧盯粮食生产首要目标,优化了建设分区,明确了分区域建设重点,要求科学设计建设内容,加强项目精细化管理,严格执行相关建设标准和规范,开展耕地质量等级变更评价,提高建设质量。规范项目竣工验收,健全长效管护机制,实现项目长久持续发挥效益。同时,《规划》还明确了实施保障措施。

第四,《规划》注重坚持问题导向、目标导向,与上一轮2011—2020年的全国高标准农田建设总体规划相比,具有3个突出特点。一是更加突出产能保障。立足确保谷物基本自给、口粮绝对安全,以提升粮食产能为首要目标,优先在永久基本农田、"两区"(即粮食生产功能区、重要农产品生产保护区),集中力量建设集中连片、旱涝保收、节水高效、稳产高产、生态友好的高标准农田,形成一批"一季千斤、两季一吨"的口粮田,进一步筑牢保障国家粮食安全基础,把饭碗牢牢牢端在自己手上。二是更加突出质量要求。坚持新增建设与改造提升并重、建设数量和建成质量并重、工程建设与建后管护并重、产能提升和绿色发展相协调，即"三并重一协调"，合理安排已建高标准农田改造提升，进一步提升粮食生产和重要农产品供给能力，形成更高层次、更有效率、更可持续的国家粮食安全保障基础。三是更加突出针对性和可操作性。针对不同区域粮食生产面临的主要障碍因素，分类指导，将全国高标准农田建设分成东北区、黄淮海区、长江中下游区、东南区、西南区、西北区、青藏区7个区域，因地制宜提出各分区建设重点和分省建设目标任务。

五、《规划》的实施步骤

粮食安全是国之大者，是最重要的经济安全之一，是统筹发展和安全的重要内容。在"十四五"规划纲要中有明确的部署。建设高标准农田是夯实粮食生产能力基础、保障国家粮食安全和重要农产品供给的关键举措。"十四五"规划纲要明确提出，要以粮食生产功能区和重要农产品生产保护区为重点，实施高标准农田建设工程，到2025年建成10.75亿亩集中连片高标准农田。

《规划》是落实"十四五"规划纲要的重要专项规划之一，是指导今后一个时期系统、全面开展高标准农田建设的重要依据和规范性要求。《规划》对田、土、水、路、林、电、技、管8个方面提出了明确的要求，也分7个区域明确了建设重点。在《规划》编制过程中，国家发展改革委按照"十四五"规划纲要部署，结合《乡村振兴战略规划（2018—2022年）》的实施，以及国土空间规划、水利建设规划等相关规划，加强统筹衔接平衡，特别是在高标准农田建设的目标任务和区域布局方面，提出尽力而为、量力而行的原则，强调"两个优先"，即集中力量在划定的永久基本农田保护区、粮食生产功能区和重要农产品生产保护区优先安排高标准农田建设，优先将现有或规划建设的大中型灌区范围内的有效灌溉面积建成旱涝保收、稳产高产的高标准农田。《规划》进一步明确，到2025年累计建成高标准农田10.75亿亩，并改造提升1.05亿亩已建的高标准农田。这些目标任务包括《规划》中高效节水灌溉的发展建设任务，与"十四五"规划纲要的部署要求是一致的，是完全衔接的。

为推进《规划》实施，下一步，国家发展改革委将重点做好以下工作。

一是建立完善规划体系。会同农业农村部加快推进建立和完善国家、省、市、县四级高标准农田建设规划体系，做好与相关规划的衔接平衡，把规划任务落实落地，促进灌区骨干工程改造建设与田间工程实施相协同，确保高标准农田建设布局与全国农业生产的布局相符合，为打造现代农业生产基地和产业集群，构建现代农业产业体系创造基础条件。

二是加大资金的支持力度。在中央预算内投资安排上，持续加大对高标准农田建设、大中型灌区等的支持力度，加强投资计划执行情况的监管，推动落实"藏粮于地、藏粮于技"战略，确保国家粮食安全和重要农产品供给。2021年，在资金十分紧张的情况下，国家发展改革委较大幅度增加了高标准农田建设的投入力度，安排下达中央预算内投资220亿元，支持建设高标准农田和实施东北黑土地保护工程，这个投资规模比2020年的165亿元增长了33%。

三是推动完善相关的政策措施。比如，新建高标准农田和改造提升高标准农田具体投资标准的确定，不同区域高标准农田建设的投资标准，拓宽高标准农田建设的投入渠道，完善工程建设机制、建后管护机制等。要总结和推广各地建设高标准农田、多渠道多方式筹措建设资金的好经验、好做法，引导有条件的地方集中连片建设高标准农田,确保建一块、成一块。与此同时,持续加强大型灌区建设与现代化改造,推动建立设施完善、用水高效、管理科学、生态良好的灌区工程建设和运行管护体系,形成夯实粮食综合生产能力基础的合力。

第九章 农村基础设施建设

第一节 整治提升农村人居环境

2021年,中共中央办公厅、国务院办公厅印发了《农村人居环境整治提升五年行动方案(2021—2025年)》(本节简称《行动方案》),并发出通知,要求各地区各部门结合实际认真贯彻落实。

一、总体要求

(一)指导思想

以习近平新时代中国特色社会主义思想为指导,深入贯彻党的十九大和十九届二中、三中、四中、五中、六中全会精神,坚持以人民为中心的发展思想,践行"绿水青山就是金山银山"的理念,深入学习推广浙江"千村示范、万村整治"工程经验,以农村厕所革命、生活污水垃圾治理、村容村貌提升为重点,巩固拓展《农村人居环境整治三年行动方案》成果,全面提升农村人居环境质量,为全面推进乡村振兴、加快农业农村现代化、建设美丽中国提供有力支撑。

(二)工作原则

1. 坚持因地制宜,突出分类施策

同区域气候条件和地形地貌相匹配,同地方经济社会发展能力和水平相适应,同当地文化和风土人情相协调,实事求是、自下而上、分类确定治理标准和目标任务，坚持数量服从质量、进度服从实效，求好不求快，既尽力而为，又量力而行。

2. 坚持规划先行，突出统筹推进

树立系统观念，先规划后建设，以县域为单位统筹推进农村人居环境整治提升各项重点任务，重点突破和综合整治、示范带动和整体推进相结合，合理安排建设时序，实现农村人居环境整治提升与公共基础设施改善、乡村产业发展、乡风文明进步等互促互进。

3. 坚持立足农村，突出乡土特色

遵循乡村发展规律，体现乡村特点，注重乡土味道，保留乡村风貌，留住田园乡愁。坚持农业农村联动、生产生活生态融合，推进农村生活污水垃圾减量化、资源化、循环利用。

4. 坚持问需于民，突出农民主体

充分体现乡村建设为农民而建，尊重村民意愿，激发内生动力，保障村民知情权、参与权、表达权、监督权。坚持地方为主，强化地方党委和政府责任，鼓励社会力量积极参与，构建政府、市场主体、村集体、村民等多方共建共管格局。

5. 坚持持续推进，突出健全机制

注重与《农村人居环境整治三年行动方案》相衔接，持续发力、久久为功，积小胜为大成。建管用并重，着力构建系统化、规范化、长效化的政策制度和工作推进机制。

（三）行动目标

到2025年，农村人居环境显著改善，生态宜居美丽乡村建设取得新进步。农村卫生厕所普及率稳步提高，厕所粪污基本得到有效处理；农村生活污水治理率不断提升，乱倒乱排得到管控；农村生活垃圾无害化处理水平明显提升，有条件的村庄实现生活垃圾分类、源头减量；农村人居环境治理水平显著提升，长效管护机制基本建立。

东部地区、中西部城市近郊区等有基础、有条件的地区，全面提升农村人居环境基础设施建设水平，农村卫生厕所基本普及，农村生活污水治理率明显提升，农村生活垃圾基本实现无害化处理并推动分类处理试点示范，长效管护机制全面建立。

中西部有较好基础、基本具备条件的地区，农村人居环境基础设施持续完善，农村户用厕所愿改尽改，农村生活污水治理率有效提升，农村生活垃圾收运处置体系基本实现全覆盖，长效管护机制基本建立。

地处偏远、经济欠发达的地区，农村人居环境基础设施明显改善，农村卫生厕所普及率逐步提高，农村生活污水垃圾治理水平有新提升，村容村貌持续改善。

二、具体内容

（一）扎实推进农村厕所革命

1. 逐步普及农村卫生厕所

新改户用厕所基本入院，有条件的地区要积极推动厕所入室，新建农房应配套设计建设卫生厕所及粪污处理设施设备。重点推动中西部地区农村户厕改造。合理规划布局农村公共厕所，加快建设乡村景区旅游厕所，落实公共厕所管护责任，强化日常卫生保洁。

2. 切实提高改厕质量

科学选择改厕技术模式，宜水则水、宜旱则旱。技术模式应至少经过一个周期试点试验，成熟后再逐步推开。严格执行标准，把标准贯穿于农村改厕全过程。在水冲式厕所改造中积极推广节水型、少水型水冲设施。加快研发干旱和寒冷地区卫生厕所适用技术和产品。加强生产流通领域农村改厕产品质量监管，把好农村改厕产品采购质量关，强化施工质量监管。

3. 加强厕所粪污无害化处理与资源化利用

加强农村厕所革命与生活污水治理有机衔接，因地制宜推进厕所粪污分散处理、集中处理与纳入污水管网统一处理，鼓励联户、联村、村镇一体处理。鼓励有条件的地区积极推动卫生厕所改造与生活污水治理一体化建设，暂时无法同步建设的应为后期建设预留空间。积极推进农村厕所粪污资源化利用，统筹使用畜禽粪污资源化利用设施设备，逐步推动厕所粪污就地就农消纳、综合利用。

（二）加快推进农村生活污水治理

1. 分区分类推进治理

优先治理京津冀、长江经济带、粤港澳大湾区、黄河流域及水质需改善控制单元等区域，重点整治水源保护区和城乡接合部、乡镇政府驻地、中心村、旅游风景区等人口居住集中区域农村生活污水。开展平原、山地、丘陵、缺水、高寒和生态环境敏感等典型地区农村生活污水治理试点，以资源化利用、可持续治理为导向，选择符合农村实际的生活污水治理技术，优先推广运行费用低、管护简便的治理技术，鼓励居住分散地区探索采用人工湿地、土壤渗滤等生态处理技术，积极推进农村生活污水资源化利用。

2. 加强农村黑臭水体治理

摸清全国农村黑臭水体底数，建立治理台账，明确治理优先顺序。开展农村黑臭水体治理试点，以房前屋后河塘沟渠和群众反映强烈的黑臭水体为重点，采取控源截污、清淤疏浚、生态修复、水体净化等措施综合治理，基本消除较大面积黑臭水体，形成一批可复制可推广的治理模式。鼓励河长制湖长制体系向村级延伸，建立健全促进水质改善的长效运行维护机制。

(三) 全面提升农村生活垃圾治理水平

1. 健全生活垃圾收运处置体系

根据当地实际，统筹县乡村三级设施建设和服务，完善农村生活垃圾收集、转运、处置设施和模式，因地制宜采用小型化、分散化的无害化处理方式，降低收集、转运、处置设施建设和运行成本，构建稳定运行的长效机制，加强日常监督，不断提高运行管理水平。

2. 推进农村生活垃圾分类减量与利用

加快推进农村生活垃圾源头分类减量，积极探索符合农村特点和农民习惯、简便易行的分类处理模式，减少垃圾出村处理量，有条件的地区基本实现农村可回收垃圾资源化利用、易腐烂垃圾和煤渣灰土就地就近消纳、有毒有害垃圾单独收集贮存和处置、其他垃圾无害化处理。有序开展农村生活垃圾分类与资源化利用示范县创建。协同推进农村有机生活垃圾、厕所粪污、农业生产有机废弃物资源化处理利用，以乡镇或行政村为单位建设一批区域农村有机废弃物综合处置利用设施，探索就地就近就农处理和资源化利用的路径。扩大供销合作社等农村再生资源回收利用网络服务覆盖面，积极推动再生资源回收利用网络与环卫清运网络合作融合。协同推进废旧农膜、农药肥料包装废弃物回收处理。积极探索农村建筑垃圾等就地就近消纳方式，鼓励用于村内道路、入户路、景观等建设。

(四) 推动村容村貌整体提升

1. 改善村庄公共环境

全面清理私搭乱建、乱堆乱放，整治残垣断壁，通过集约利用村庄内部闲置土地等方式扩大村庄公共空间。科学管控农村生产生活用火，加强农村电力线、通信线、广播电视线"三线"维护梳理工作，有条件的地方推动线路违规搭挂治理。健全村庄应急管理体系，合理布局应急避难场所和防汛、消防等救灾设施设备，畅通安全通道。整治农村户外广告，规范发布内容和设置行为。关注特殊人群需求，有条件的地方开展农村无障碍环境建设。

2. 推进乡村绿化美化

深入实施乡村绿化美化行动，突出保护乡村山体田园、河湖湿地、原生植被、古树名木等，因地制宜开展荒山荒地荒滩绿化，加强农田（牧场）防护林建设和修复。引导鼓励村民通过栽植果蔬、花木等开展庭院绿化，通过农村"四旁"（水旁、路旁、村旁、宅旁）植树推进村庄绿化，充分利用荒地、废弃地、边角地等开展村庄小微公园和公共绿地建设。支持条件适宜地区开展森林乡村建设，实施水系连通及水美乡村建设试点。

3. 加强乡村风貌引导

大力推进村庄整治和庭院整治，编制村容村貌提升导则，优化村庄生产生活生态空间，促进村庄形态与自然环境、传统文化相得益彰。加强村庄风貌引导，突出乡土特色和地域特点，不搞千村一面，不搞大拆大建。弘扬优秀农耕文化，加强传统村落和历史文化名村名镇保护，积极推进传统村落挂牌保护，建立动态管理机制。

（五）建立健全长效管护机制

1. 持续开展村庄清洁行动

大力实施以"三清一改"（清理农村生活垃圾、清理村内塘沟、清理畜禽养殖粪污等农业生产废弃物，改变影响农村人居环境的不良习惯）为重点的村庄清洁行动，突出清理死角盲区，由"清脏"向"治乱"拓展，由村庄面上清洁向屋内庭院、村庄周边拓展，引导农民逐步养成良好卫生习惯。结合风俗习惯、重要节日等组织村民清洁村庄环境，通过"门前三包"等制度明确村民责任，有条件的地方可以设立村庄清洁日等，推动村庄清洁行动制度化、常态化、长效化。

2. 健全农村人居环境长效管护机制

明确地方政府和职责部门、运行管理单位责任，基本建立有制度、有标准、有队伍、有经费、有监督的村庄人居环境长效管护机制。利用好公益性岗位，合理设置农村人居环境整治管护队伍，优先聘用符合条件的农村低收入人员。明确农村人居环境基础设施产权归属，建立健全设施建设管护标准规范等制度，推动农村厕所、生活污水垃圾处理设施设备和村庄保洁等一体化运行管护。有条件的地区可以依法探索建立农村厕所粪污清掏、农村生活污水垃圾处理农户付费制度，以及农村人居环境基础设施运行管护社会化服务体系和服务费市场化形成机制，逐步建立农户合理付费、村级组织统筹、政府适当补助的运行管护经费保障制度，合理确定农户付费分担比例。

（六）充分发挥农民主体作用

1. 强化基层组织作用

充分发挥农村基层党组织领导作用和党员先锋模范作用，在农村人居环境建设和整治中深入开展美好环境与幸福生活共同缔造活动；进一步发挥共青团、妇联、少先队等群团组织作用，组织动员村民自觉改善农村人居环境。健全党组织领导的村民自治机制，村级重大事项决策实行"四议两公开"，充分运用"一事一议"筹资筹劳等制度，引导村集体经济组织、农民合作社、村民等全程参与农村人居环境相关规划、建设、运营和管理。实行农村人居环境整治提升相关项目公示制度。鼓励通过政府购买服务等方式，支持有条件的农民合作社参与改善农村人居环境项目。引导农民或农民合作组织依法成立各类农村环保组织或企业，吸纳农民承接本地农村人居环境改善和后续管护工作。以乡情乡愁为纽带吸引个人、企业、社会组织等，通过捐资捐物、结对帮扶等形式支持改善农村人居环境。

2. 普及文明健康理念

发挥爱国卫生运动群众动员优势，加大健康宣传教育力度，普及卫生健康和疾病防控知识，倡导文明健康、绿色环保的生活方式，提高农民健康素养。把转变农民思想观念、推行文明健康生活方式作为农村精神文明建设的重要内容，把使用卫生厕所、做好垃圾分类、养成文明习惯等纳入学校、家庭、社会教育，广泛开展形式多样、内容丰富的志愿服务。将改善农村人居环境纳入各级农民教育培训内容。持续推进城乡环境卫生综合整治，深入开展卫生创建，大力推进健康村镇建设。

3. 完善村规民约

鼓励将村庄环境卫生等要求纳入村规民约，对破坏人居环境行为加强批评教育和约束管理，引导农民自我管理、自我教育、自我服务、自我监督。倡导各地制定公共场所文明公约、社区噪声控制规约。深入开展美丽庭院评选、环境卫生红黑榜、积分兑换等活动，提高村民维护村庄环境卫生的主人翁意识。

三、政策和保障

（一）加大政策支持力度

1. 加强财政投入保障

完善地方为主、中央适当奖补的政府投入机制，继续安排中央预算内投资，按计划实施农村厕所革命整村推进财政奖补政策，保障农村环境整治资金投入。地方各级政府要保障农村人居环境整治基础设施建设和运行资金，统筹安排土地出让收入用于改善农村人居环境，鼓励各地通过发行地方政府债券等方式用于符合条件的农村人居环境建设项目。县级可按规定统筹整合改善农村人居环境相关资金和项目，逐村集中建设。通过政府和社会资本合作等模式，调动社会力量积极参与投资收益较好、市场化程度较高的农村人居环境基础设施建设和运行管护项目。

2. 创新完善相关支持政策

做好与农村宅基地改革试点、农村乱占耕地建房专项整治等政策衔接，落实农村人居环境相关设施建设用地、用水用电保障和税收减免等政策。在严守耕地和生态保护红线的前提下，优先保障农村人居环境设施建设用地，优先利用荒山、荒沟、荒丘、荒滩开展农村人居环境项目建设。引导各类金融机构依法合规对改善农村人居环境提供信贷支持。落实村庄建设项目简易审批有关要求。鼓励村级组织和乡村建设工匠等承接农村人居环境小型工程项目，降低准入门槛，具备条件的可采取以工代赈等方式。

3. 推进制度规章与标准体系建设

鼓励各地结合实际开展地方立法，健全村庄清洁、农村生活污水垃圾处理、农村卫生厕所管理等制度。加快建立农村人居环境相关领域设施设备、建设验收、运行管护、监测评估、管理服务等标准，抓紧制定修订相关标准。大力宣传农村人居环境相关标准，提高全社会的标准化意识，增强政府部门、企业等依据标准开展工作的主动性。依法开展农村人居环境整治相关产品质量安全监管，创新监管机制，适时开展抽检，严守质量安全底线。

4. 加强科技和人才支撑

将改善农村人居环境相关技术研究创新列入国家科技计划重点任务。加大科技研发、联合攻关、集成示范、推广应用等力度，鼓励支持科研机构、企业等开展新技术新产品研发。围绕绿色低碳发展，强化农村人居环境领域节能节水降耗、资源循环利用等技术产品研发推广。加强农村人居环境领域国际合作交流。举办农村人居环境建设管护技术产品展览展示。加强农村人居环境领域职业教育，强化相关人才队伍建设和技能培训。继续选派规划、建筑、园艺、环境等行业相关专业技术人员驻村指导。推动全国农村人居环境管理信息化建设，加强全国农村人居环境监测，定期发布监测报告。

(二) 强化组织保障

1. 加强组织领导

把改善农村人居环境作为各级党委和政府的重要职责,结合乡村振兴整体工作部署,明确时间表、路线图。健全中央统筹、省负总责、市县乡抓落实的工作推进机制。中央农村工作领导小组统筹改善农村人居环境工作,协调资金、资源、人才支持政策,督促推动重点工作任务落实。有关部门要各司其职、各负其责,密切协作配合,形成工作合力,及时出台配套支持政策。省级党委和政府要定期研究本地区改善农村人居环境工作,抓好重点任务分工、重大项目实施、重要资源配置等工作。市级党委和政府要做好上下衔接、域内协调、督促检查等工作。县级党委和政府要做好组织实施工作,主要负责同志当好一线指挥,选优配强一线干部队伍。将国有和乡镇农(林)场居住点纳入农村人居环境整治提升范围统筹考虑、同步推进。

2. 加强分类指导

顺应村庄发展规律和演变趋势,优化村庄布局,强化规划引领,合理确定村庄分类,科学划定整治范围,统筹考虑主导产业、人居环境、生态保护等村庄发展。集聚提升类村庄重在完善人居环境基础设施,推动农村人居环境与产业发展互促互进,提升建设管护水平,保护保留乡村风貌。城郊融合类村庄重在加快实现城乡人居环境基础设施共建共享、互联互通。特色保护类村庄重在保护自然历史文化特色资源、尊重原住居民生活形态和生活习惯,加快改善人居环境。"空心村"、已经明确的搬迁撤并类村庄不列入农村人居环境整治提升范围,重在保持干净整洁,保障现有农村人居环境基础设施稳定运行。对一时难以确定类别的村庄,可暂不做分类。

3. 完善推进机制

完善以质量实效为导向、以农民满意为标准的工作推进机制。在县域范围开展美丽乡村建设和美丽宜居村庄创建推介，示范带动整体提升。坚持先建机制、后建工程，鼓励有条件的地区推行系统化、专业化、社会化运行管护，推进城乡人居环境基础设施统筹谋划、统一管护运营。通过以奖代补等方式，引导各方积极参与，避免政府大包大揽。充分考虑基层财力可承受能力，合理确定整治提升重点，防止加重村级债务。

4. 强化考核激励

将改善农村人居环境纳入相关督查检查计划，检查结果向党中央、国务院报告，对改善农村人居环境成效明显的地方持续实施督查激励。将改善农村人居环境作为各省（区、市）实施乡村振兴战略实绩考核的重要内容。继续将农业农村污染治理存在的突出问题列入中央生态环境保护督察范畴，强化农业农村污染治理突出问题监督。各省（区、市）要加强督促检查，并制定验收标准和办法，到2025年年底以县为单位进行检查验收，检查结果与相关支持政策直接挂钩。完善社会监督机制，广泛接受社会监督。中央农村工作领导小组按照国家有关规定对真抓实干、成效显著的单位和个人进行表彰，对改善农村人居环境突出的地区予以通报表扬。

5. 营造良好舆论氛围

总结宣传一批农村人居环境改善的经验做法和典型范例。将改善农村人居环境纳入公益性宣传范围，充分借助广播电视、报纸杂志等传统媒体，创新利用新媒体平台，深入开展宣传报道。加强正面宣传和舆论引导，编制创作群众喜闻乐见的解读材料和文艺作品，增强社会公众认知，及时回应社会关切。

第二节 农村基础设施建设

农村基础设施是为农村各项事业的发展及农民生活的改善提

供公共产品和公共服务的各种设施的总称，作为农村公共产品的重要组成部分，其涉及农村的经济、社会、文化等方面。新时代党和政府在农村基础设施建设方面出台的政策和意见大体可以分为以下3个方面。

一、加强农村信息基础设施建设

当前，大数据正快速发展为发现新知识、创造新价值、提升新能力的新一代信息技术和服务业态，已成为国家基础性战略资源，正成为推动我国经济转型发展的新动力、重塑国家竞争优势的新机遇和提升政府治理能力的新途径。农业农村是大数据产生和应用的重要领域之一，是我国大数据发展的基础和重要组成部分。随着信息化和农业现代化的深入推进，农业农村大数据正在与农业产业全面深度融合，逐渐成为农业生产的定位仪、农业市场的导航灯和农业管理的指挥棒，日益成为智慧农业的神经系统和推进农业现代化的关键要素。2015年农业部出台的《关于推进农业农村大数据发展的实施意见》提出，要加快农村信息基础设施建设和宽带普及，加强现有信息采集网络的硬件设施配备，实现设施设备的升级换代；按照共享共用、协作协同、分工分流的原则，推进建立完善的数据采集渠道和监测网络；强化云计算基础运行环境，提升通过传统方式和基于互联网等现代方式采集、处理农业农村大数据的支撑能力。未来5~10年内，实现农业数据的有序共享开放，初步完成农业数据化改造。2020年，农业农村部、中央网络安全和信息化委员会办公室联合印发了《数字农业农村发展规划（2019—2025年）》（本节简称《规划》），紧紧围绕推进数字技术与农业农村深度融合谋篇布局，提出了5个方面的重点任务。一是构建农业农村基础数据资源体系。《规划》提出，要统筹建设农业自然资源、重要农业种质资源、农村集体资产、农村宅基地、农户和新型农业经营主体5类大数据，形成农业农村基础数据资源体系，为农业农村精准管理和服务提供有力支撑。二是加快生产经营数字化改造。《规划》提出，要推进种植业信息化，加快发展数字农情，构建病虫害测报监测网络和数字植保防御体系，建设数字田园。推进畜牧业智能化，建设数字养殖牧场，加快应用个体体征智能监测技术，推进养殖场数据直联直报。推进渔业智慧化，发展智慧水产养殖，升级改造渔船船用终端和数字化捕捞装备，建设渔港综合管理系统。推进种业数字化，挖掘与深度应用种业大数据，研发推广动植物表型信息获取技术装备，完善国家种业大数据平台功能。推进新业态多元化，鼓励发展众筹农业、定制农业等基于互联网的新业态，深化电子商务进农村综合示范，鼓励发展智慧休闲农业平台。推进质量安全管控全程化，推动农产品生产标准化、标识化、可溯化，普遍推行农户农资购买卡制度，构建投入品监管溯源与数据采集机制。三是推动管理服务数字化转型。《规划》提出，要建立健全农业农村管理决策支持技术体系，提高宏观管理的科学性。健全重要农产品全产业链监测预警体系，加强市场信息发布和服务，帮助农民解决"春天种什么对、秋天卖什么贵"等生产经营瓶颈。建设数字农业农村服务体系，开展农业生产性服务，建设一批农民创业创新中心，提升农民生产生活智慧化、便捷化水平。建立农村人居环境智能监测体系，实现对农村污染物、污染源全时全程监测。建设乡村数字治理体系，推进乡村治理体系和治理能力现代化。四是强化关键技术装备创新。《规划》提出，要加强关键共性技术攻关，重点攻克农业生产环境、动植物生理体征智能感知与识别关键技术，突破动植物生理生态过程模拟技术，构建动植物表型的数字化表达及模拟模型，突破智能农机装备关键技术。强化战略性前沿性技术超前布局，加强农产品柔性加工、区块链+农业、人工智能、5G等新技术基础研究和攻关，形成一系列数字农业战略技术储备和产品储备。强化技术集成应用与示范，开展 3S、智能感知、模型模拟、智能控制等技术及软硬件产品的集成应用和示范，熟化推广一批典型模式和范例。加强数字农业科技创新数据与平台集成与服务。加快农业人工智能研发应用，实施农业机器人发展战略，加强无人机智能化集成与应用示范。五是加强重大工程设施建设。《规划》提出，要实施国家农业农村大数据中心建设工程，重点建设国家农业农村云平台、国家农业农村大数据平台、国家农业农村政务信息系统 3 类项目，提高农业农村领域管理服务能力和科学决策水平。要实施农业农村天空地一体化观测体系建设工程，重点加强农业农村"天网"（农业农村天基观测网络）、"空网"（农业农村航空观测网络）、"地网"（农业物联网观测网络）建设，实现对农业生产和农村环境等全领域、全过程、全覆盖的实时动态观测。要实施国家数字农业农村创新工程，重点建设国家数字农业农村创新中心及专业分中心、重要农产品全产业链大数据、数字农业试点建设 3 类项目，打造数字农业农村综合服务平台。

2021 年 3 月，《中华人民共和国国民经济和社会发展第十四个五年规划和 2035 年远景目标纲要》中指出，要加快建设新型基础设施。围绕强化数字转型、智能升级、融合创新支撑，布局建设信息基础设施、融合基础设施、创新基础设施等新型基础设施。建设高速泛在、天地一体、集成互联、安全高效的信息基础设施，增强数据感知、传输、存储和运算能力。加快 5G 网络规模化部署，用户普及率提高到 56%，推广升级千兆光纤网络。前瞻布局 6G 网络技术储备。扩容骨干网互联节点，新设一批国际通信出入口，全面推进互联网协议第六版（IPv6）商用部署。实施中西部地区中小城市基础网络完善工程。推动物联网全面发展，打造支持固移融合、宽窄结合的物联接入能力。加快构建全国一体化大数据中心体系，强化算力统筹智能调度，建设若干国家枢纽节点和大数据中心集群，建设 E 级和 10E 级超级计算中心。积极稳妥发展工业互联网和车联网。打造全球覆盖、高效运行的通信、导航、遥感空间基础设施体系，建设商业航天发射场。加快交通、能源、市政等传统基础设施数字化改造，加强泛在感知、终端联网、智能调度体系建设。发挥市场主导作用，打通多元化投资渠道，构建新型基础设施标准体系。

二、加大农村基础设施投融资

近年来，我国农村道路、供水、污水垃圾处理、供电、电信等基础设施建设步伐不断加快，生产生活条件逐步改善，但由于前期资金投入不足、融资渠道不畅等原因，农村基础设施总体上仍比较薄弱，与全面建成小康社会的要求还有较大差距。为创新农村基础设施投融资体制机制，加快农村基础设施建设步伐和管理水平，2017年国务院办公厅印发《关于创新农村基础设施投融资体制机制的指导意见》，主要包括以下内容。

一是完善农村公路建设养护机制。明确将农村公路建设、养护、管理机构运行经费及人员基本支出纳入一般公共财政预算。推广"建养一体化"模式，通过政府购买服务等方式，引入专业企业、社会资本建设和养护农村公路。鼓励采取出让公路冠名权、广告权等方式，筹资建设和养护农村公路。

二是加快农村供水设施产权制度改革。以政府投入为主兴建、规模较大的农村集中供水基础设施，由县级人民政府或其授权部门根据国家有关规定确定产权归属；以政府投入为主兴建、规模较小的农村供水基础设施，资产交由农村集体经济组织或农民用水合作组织所有；单户或联户农村供水基础设施，国家补助资金所形成的资产归受益农户所有；社会资本投资兴建的农村供水基础设施，所形成的资产归投资者所有，或依据投资者意愿确定产权归属，由产权所有者建立管护制度，落实管护责任。

三是理顺农村污水垃圾处理管理体制。探索建立农村污水垃圾处理统一管理体制，鼓励实施城乡生活污水"统一规划、统一建设、统一运行、统一管理"集中处理与农村污水"分户、联户、村组"分散处理相结合的模式，推动农村垃圾分类和资源化利用，推广建立村庄保洁制度。

四是积极推进农村电力管理体制改革。鼓励有条件的地区开展县级电网企业股份制改革试点。逐步向符合条件的市场主体放开增量配电网投资业务，赋予投资主体新增配电网的所有权和经营权。鼓励以混合所有制方式发展配电业务，通过公私合营模式引入社会资本参与农村电网改造升级及运营。

五是鼓励农村电信设施建设向民间资本开放。支持民间资本以资本入股、业务代理、网络代维等多种形式与基础电信企业开展合作，参与农村电信基础设施建设。加快推进东中部发达地区农村宽带接入市场向民间资本开放试点工作，逐步深化试点，鼓励和引导民间资本开展农村宽带接入网络建设和业务运营。

六是改进项目管理和绩效评价方式。建立涵盖需求决策、投资管理、建设运营等全过程、多层次的农村基础设施建设项目综合评价体系。对具备条件的项目，通过公开招标等多种方式选择专业化的第三方机构，参与项目前期论证、招投标、建设监理、效益评价等，建立绩效考核、监督激励和定期评价机制。

与此同时，必须牢固树立和认真贯彻落实创新、协调、绿色、开放、共享的发展理念，以加快补齐农村基础设施短板、推进城乡发展一体化为目标，以创新投融资体制机制为突破口，明确各级政府事权和财权责任，拓宽投融资渠道，优化投融资模式，加大建设投入，完善管护机制，全面提高农村基础设施建设和管理水平。

三、建设现代化基础设施体系

2013 年到 2021 年的中央一号文件均提到加强农村基础设施

建设，其中包括农村的饮用水问题、农村公路改造、农村电网升级、农村危房改造等方面。2021年3月，《中华人民共和国国民经济和社会发展第十四个五年规划和2035年远景目标纲要》中提出，统筹推进传统基础设施和新型基础设施建设，打造系统完备、高效实用、智能绿色、安全可靠的现代化基础设施体系。

第三节　提升农村公共服务水平

我国现行主要的农村公共服务供给包括农村公共医疗卫生、农村义务教育及农村公共文化。农村公共服务的有效供给一方面可以提高农村居民生产和生活的积极性，促进农村生产力的发展；另一方面能够改善农村居民的生活水平。因此，农村公共服务的有效供给能够促进农村经济持续健康发展，它是农村经济发展的基础之一。

一、农村公共医疗卫生

农村公共医疗卫生是建设健康中国的重要内容。2016年，中共中央、国务院印发的《"健康中国2030"规划纲要》提出，要以农村和基层为重点，推动健康领域基本公共服务均等化，维护基本医疗卫生服务的公益性，逐步缩小城乡、地区、人群间基本健康服务和健康水平的差异，实现全民健康覆盖，促进社会公平。党的十九大报告提出，要实施健康中国战略，完善国民健康政策，为人民群众提供全方位全周期健康服务。新时期，加强农村公共卫生服务，对于推进健康中国建设、全面建成小康社会以及基本实现社会主义现代化具有重要现实意义。在农村公共卫生服务方面，国家出台了诸多政策，为农村公共卫生事业的发展和农村公共卫生服务的有效开展提供了制度保障，同时也基本形成了相对完善的农村公共卫生服务组织体系和实现城乡公共医疗服务均等化的基本途径。

一是乡村医生队伍建设。乡村医生是我国医疗卫生服务队伍的重要组成部分，是最贴近亿万农村居民的健康"守护人"，是发展农村医疗卫生事业、保障农村居民健康的重要力量。近年来，尽管各级政府都要求加强村级医疗卫生队伍建设，但乡村医生人员依然以每年5万的数量削减，与此同时，不少地区仍然在不断提升村医的执业要求和准入门槛，村卫生室人员短缺的问题长期得不到合理解决，却使得在岗村医的任务越来越重。

二是农村公共卫生服务体系建设。村卫生室是农村三级卫生服务网的基础，承担着向农村居民提供基本医疗和基本公共卫生服务的任务，在农村防病治病中发挥着重要的作用。为进一步加强村卫生室管理，明确村卫生室的功能定位和服务范围，保障农村居民卫生服务利用的安全性、公平性和可及性，国家卫生计生委等5部委联合制定了《村卫生室管理办法（试行）》。该办法共分为8章52条，重点对村卫生室的功能任务、机构设置与审批、人员配备与管理、业务管理、财务管理、保障措施进行了明确和规范。

二、农村义务教育

自党的十八大以来，我国教育事业取得了历史性进展，总体发展水平跃居世界中上行列，义务教育巩固率达到93.4%，党中央把脱贫攻坚摆到治国理政的重要位置，教育扶贫的重要性也被一再强调。特别值得注意的是，最近几年，中央开始使用"乡村"概念，如"乡村教师支持计划"。"乡村"相较"农村"，排除了县镇所在的城关镇，指乡镇以下，这个概念的使用体现了精准扶贫的理念。党的十九大报告提出，要推动城乡义务教育一体化发展，高度重视农村义务教育。这是对党十八大以来教育工作的深化。农村学校是传播社会主义核心价值观和文明生活方式的重要阵地,农村教育在乡村振兴中具有不可替代的作用,振兴乡村教育,关键是提高教育质量。

一是乡村教师队伍建设。发展农村义务教育,办好农村学校,关键在教师。乡村教师是农村义务教育发展中至关重要的一部分,针对乡村教师队伍建设过程中存在的问题,出台的政策主要包括以下3个方面:第一,提高乡村教师的思想政治素质和师德水平;第二,提高乡村教师生活待遇,统一城乡教职工编制标准;第三,拓宽师资补充渠道。2020年7月,教育部、中央组织部、中央编办、国家发展改革委、财政部和人力资源社会保障部等六部门印发《关于加强新时代乡村教师队伍建设的意见》(本节简称《意见》),聚焦短板弱项,有针对性地提出创新举措,在脱贫攻坚与乡村振兴有效衔接的大背景下,实现乡村教师可持续发展助力乡村振兴,推动实现公平而有质量的乡村教育。《意见》着力提高乡村教师综合素质,激发教师奉献乡村教育的内生动力,提升乡村教师职业发展力。要求加强师德师风建设,提升思想政治素质,厚植乡村教育情怀,发挥乡村教师新乡贤示范引领作用。要求创新教师教育模式,坚持以乡村教育需求为导向,加强定向公费培养,建强面向乡村学校的师范生委托培养院校。要求加强乡村教师培训,构建各级教师发展机构、教师专业发展基地学校和"三名"工作室五级一体化乡村教师专业发展体系。要求发挥5G、人工智能等新技术助推作用,深化师范生培养课程改革,实施中小学教师信息技术应用能力提升工程2.0,加强县域内教育资源公共服务平台建设。《意见》着力深化乡村教师管理改革,缓解乡村学校人才短缺问题,提升乡村教师职业供给力。坚持创新挖潜编制管理,鼓励地方探索建立教职工编制"周转池"制度,挖潜乡村教师编制配备,通过统筹配置和跨市县、跨学科等调整力度,调整乡村学校编制。坚持畅通城乡一体配置渠道,健全县域交流轮岗机制,深入推进"县管校聘"改革,同时完善双向交流轮岗机制,促进城乡一体流动。多种形式配备乡村教师,探索构建招聘、支教等多渠道并举,多层次人才到乡村任教的格局。坚持拓展职业成长通道,职称评聘向乡村倾斜,允许乡村学校按照所教学科评聘职称,"定向评价、定向使用"。坚持乡村教育带头人培养,提升乡村校长队伍整体素质,全面实施中西部乡村中小学首席教师岗位计划。坚持创造多元发展空间,实施好"农村学校教育硕士师资培养计划",教育系统"鹊桥计划"等政策。《意见》着力保障乡村教师地位待遇,让乡村教师享有应有的社会声望,提升乡村教师职业保障力。强调社会地位提升。建立联席会议制度,重点研究乡村教师队伍建设问题。为更多优秀乡村教师参与乡村治理、推动乡村振兴提供多种渠道。加大荣誉表彰和宣传推介力度向乡村教师倾斜。强调工资待遇落实。确保平均工资收入水平不低于或高于当地公务员平均工资收入水平。完善绩效工资政策,对乡村小规模学校、寄宿制学校、民族地区、艰苦边远地区学校给予适当倾斜。全面落实集中连片特困地区乡村教师生活补助政策,依据学校艰苦边远程度实行差别化的补助标准。逐步完善乡村教师住房、医疗、救助等政策保障,不断提高乡村教师获得感。强调优化青年教师发展环境,促进专业成长,实施多种形式的乡村教师成长项目。丰富精神文化生活,引导青年教师主动融入乡村社会。

二是农村义务教育设施建设。加强农村义务教育设施建设主要是关于义务教育学校的布局、交通等方面。2016年,国务院印发的《关于统筹推进县域内城乡义务教育一体化改革发展的若干意见》明确提出,要办好必要的乡村小规模学校,完善乡村小规模学校办学机制和管理办法。2018年,国务院办公厅印发

《关于全面加强乡村小规模学校和乡镇寄宿制学校建设的指导意见》,对乡村小规模学校的发展提出了全面的指导性意见。2021年,中共中央、国务院发布《关于全面推进乡村振兴加快农业农村现代化的意见》,再次强调"保留并办好必要的乡村小规模学校"。

三是农村义务教育经费保障。为解决一些地方对村小学和教学点重视不够、经费保障政策落实不到位等问题,迫切需要提高村小学和教学点运转水平,落实地方责任,管好用好公用经费,完善监察机制,提高使用效率。2020年,财政部办公厅、教育部办公厅联合发布了《关于进一步加强义务教育学校公用经费管理的通知》(本节简称《通知》)。《通知》要求,切实强化义务教育学校预算财务管理。县级教育、财政部门要督促学校严格按照预算批复的资金规模和规定的标准执行,严把支出审核关,各项支出要据实列支,严禁虚列虚支、虚报冒领和挤占挪用。《通知》指出,自2016年建立城乡统一、重在农村的义务教育经费保障机制以来,总的来看,学校正常教育教学活动得到了有力保障。但近期也有一些地方因重视不够、财力困难、学校管理基础薄弱等原因,在义务教育学校公用经费预算安排、资金拨付、使用管理等方面暴露出一些问题。为进一步加强义务教育学校公用经费管理,保障学校正常运转,《通知》指出,要切实落实经费分担责任和管理责任。义务教育是教育工作的重中之重。为保障义务教育学校正常开展教育教学活动,各级财政按规定分担的公用经费必须及时足额到位。各地要切实提高认识,采取更加有力的监督约束措施,确保省以下各级财政分担公用经费的责任落实。省级财政、教育部门要督促指导市县财政、教育部门按照预算管理、国库集中支付、政府采购等相关财政改革要求,因地制宜适时优化完善本地区学校财务管理体制,按规定及时足额拨付义务教育学校公用经费,严禁滞拨缓拨经费,严禁挤占、挪用、截留、克扣经费。县级教育、财政部门要落实经费管理的主体责任,进一步强化义务教育学校预算和财务管理,规范公用经费使用,优化报销流程,保障学校合理用款需求,确保学校正常运转。《通知》明确,切实规范公用经费拨付管理。地方各级财政部门要严格按照财政国库管理的有关要求调度库款,纳入直达资金管理范围的资金严格执行直达资金管理有关规定。公用经费应按照国库集中支付制度有关规定,支付到最终收款方。县级财政、教育部门要督促指导学校加快公用经费预算执行进度,及时将有关直达资金支付信息导入直达资金监控系统,跟踪支出进度和流向。《通知》要求,切实强化义务教育学校预算财务管理。县级教育、财政部门要督促学校严格按照预算批复的资金规模和规定的标准执行,严把支出审核关,各项支出要据实列支,严禁虚列虚支、虚报冒领和挤占挪用。严禁统筹按基准定额核定的学校公用经费,在本地区集中开展信息化建设、教师培训等专项性工作。学校要进一步健全预算管理、财务管理、内部控制等制度,按规定编制学校年度预算,抓好预算执行,细化公用经费支出范围与标准,按照轻重缓急合理合规安排使用公用经费,并依法公开相关财务信息。严禁将公用经费用于人员经费、基本建设投资、偿还债务等方面支出。要进一步强化财务管理基础工作,加强会计人员培训,提高财务管理和会计核算水平。《通知》提出,要巩固完善经费监管工作机制。省级财政、教育部门要坚持问题导向,进一步巩固完善财政教育经费监管工作机制,定期对义务教育学校公用经费使用管理开展督查,并充分利用相关信息系统,动态跟踪公用经费拨付、使用等情况。进一步严肃财经纪律,加大问责力度,对预算下达不及时、缓拨滞拨资金的地区及时提醒,督促纠正;对挤占、挪用、截留、克扣公用经费的地区,依法依规依纪对有关责任人严肃处理。

四是关爱农村义务教育学生。深入推进义务教育均衡发展，要努力实现所有适龄儿童少年"上好学"，同时也关注到义务教育阶段学生的营养问题。我国自2011年秋季学期起实施农村义务教育学生营养改善计划，对欠发达地区学生给予营养膳食补助，补助标准由中央统一制定。根据财政部、教育部通知，从2021年秋季学期起，农村义务教育学生营养膳食补助，国家基础标准由每生每天4元提高至5元，每生每年从800元提高至1 000元。

五是城乡优质均衡发展管理一体化。《关于统筹推进县域内城乡义务教育一体化改革发展的若干意见》要求，通过城乡义务教育一体化、实施学区化集团化办学或学校联盟、均衡配置师资等方式，加大对薄弱学校和乡村学校的扶持力度。2018年，国务院办公厅印发《关于全面加强乡村小规模学校和乡镇寄宿制学校建设的指导意见》，明确要求强化乡镇中心学校统筹、辐射和指导作用，推进乡镇中心学校和同乡镇的小规模学校一体化办学、协同式发展、综合性考评，实行中心学校校长负责制，将中心学校和小规模学校教师作为同一学校的教师"一并定岗、统筹使用、轮流任教"。

三、农村公共文化

改革开放以来，特别是进入新世纪新阶段以来，我国农村改革持续向纵深推进，农民收入水平和生活水平快速提升，城乡居民收入差距逐步缩小，农村民生事业有了新的改善，农村社会保持和谐稳定，农民综合素质和农村社会文明程度明显提高。但在城乡二元结构体制下，大量农村人口向城市转移，大批青壮年劳动力外出打工，农村"留守儿童、留守妇女、留守老人"的"三留守"人员不断增加，城乡之间教育、医疗、养老、环境、文化等差距持续拉大。针对农村公共文化事业仍旧较为落后，无法满足农民群众日益增长的精神文化需求问题，党和政府提出了一系列的相关政策。

每年中央一号文件都会提到农村公共文化服务体系构建的问题。如2016年的中央一号文件提到，要全面加强农村公共文化服务体系建设，继续实施文化惠民项目。在农村建设基层综合性文化服务中心，整合基层宣传文化、党员教育、科学普及、体育健身等设施，整合文化信息资源共享、农村电影放映、农家书屋等项目，发挥基层文化公共设施整体效应。2017年的中央一号文件提到，要加强农村公共文化服务体系建设，统筹实施重点文化惠民项目，完善基层综合性文化服务设施，在农村地区深入开展送地方戏活动，支持重要农业文化遗产保护。2021年，文化和旅游部发布的《"十四五"公共文化服务体系建设规划》中，提出了"十四五"时期高质量建设公共文化服务体系的四大具体目标。一是公共文化服务布局更加均衡。服务布局包括设施网络完善、资源配置优化、供给能力提升等诸多要素。服务布局均衡，重点是基层、农村公共文化服务的数量增加和质量提升，推动城乡公共文化服务体系一体发展跃上新台阶，这是"十四五"公共文化服务体系建设的首要任务。二是公共文化服务水平显著提升。中国社会进入高质量发展阶段，人民对美好生活的新期待，要求基本公共文化服务向品质化迈进，同时有更多特色化、个性化、多样化的公共文化服务。提升服务水平是"十四五"公共文化服务高质量发展的主旋律。三是公共文化服务供给方式更加多元。重点是推动公共文化服务实现更加广泛、深入的社会化发展，既包括引导和鼓励更多社会力量参与公共文化服务，也包括有更多人民群众自我创造、自我表现的公共文化服务，政府、市场、社会共同参与的公共文化服务格局进一步走向完善。四是公共文化数字化网络化智能化发展取得新进展。这是公共文化服务扩大覆盖面、增强实效性的时代要求。我国的公共数字文化建设已经有了坚实基础,疫情防控期间公共文化服务"线下关门、线上开花",更显著提升了全社会对公共数字文化重要性的认识。

第十章 农民权益保障

第一节 农村居民社会保障

党的十九大报告指出,要解决好病有所医、老有所养、住有所居、弱有所扶的问题,就必须进一步加大对困难群众基本生活保障资金投入,全面建成覆盖城乡居民的社会保障体系。为此,党和政府及相关部门在此期间出台和完善了农村居民社会保障政策。农村居民社会保障政策是针对农民的需求按照法律规定的比例,让农民交一部分资金,同时国家交一部分资金,为农民的生活提供基本的物质保障。主要包括农村居民医疗保障政策、农村居民养老保障政策和农村居民最低生活保障政策。

一、农村居民医疗保障

农村居民医疗保障政策是指为了解决农村居民看病难就医难和"因病致贫、因病返贫"等问题而制定的政策。农村居民医疗保障政策主要包括以下两个方面。

一是医护人才建设方面。2021年,国家卫健委、发展改革委、乡村振兴局等13部门联合印发了《巩固拓展健康扶贫成果同乡村振兴有效衔接实施意见的通知》(本节简称《意见》)。《意见》中称,力争到2025年,农村低收入人口基本医疗卫生保障水平明显提升,全生命周期健康服务逐步完善;脱贫地区县乡村三级医疗卫生服务体系进一步完善,设施条件进一步改善,服务能力和可及性进一步提升；重大疾病危害得到控制和消除，卫生环境进一步改善，居民健康素养明显提升；城乡、区域间卫生资源配置逐步均衡，居民健康水平差距进一步缩小；基本医疗有保障，成果持续巩固，乡村医疗卫生机构和人员"空白点"持续实现动态清零，健康乡村建设取得明显成效。其中，为了加强基层医疗卫生人才队伍建设，《意见》明确提出，对脱贫地区基层医疗卫生机构，在编制、职称评定等方面给予政策支持。因地制宜加大本土人才培养力度，逐步扩大订单定向免费医学生培养规模，中央财政继续支持为中西部乡镇卫生院培养本科定向医学生，各地要结合实际为村卫生室和边远地区乡镇卫生院培养一批高职定向医学生，落实就业安置和履约管理责任，强化属地管理，建立联合违约惩戒机制。积极支持引导在岗执业（助理）医师参加转岗培训，注册从事全科医疗工作。继续实施全科医生特岗计划。落实基层卫生健康人才招聘政策，乡镇卫生院公开招聘大学本科及以上毕业生、县级医疗卫生机构招聘中级职称或者硕士以上人员和全科医学、妇产科、儿保科、儿科、精神心理科、出生缺陷防治等急需紧缺专业人才，可采取面试（技术操作）、直接考察等方式公开招聘；对公开招聘报名后形不成竞争的，可适当降低开考比例，或不设开考比例划定合格分数线。鼓励脱贫地区全面推广"县管乡用""乡管村用"。继续推进基层卫生职称改革，对长期在艰苦边远地区和基层一线工作的卫生专业技术人员，业绩突出、表现优秀的，可放宽学历等要求，同等条件下优先评聘。执业医师晋升为副高级技术职称，应当有累计1年以上在县级以下或者对口支援的医疗卫生机构提供医疗卫生服务的经历。各类培训项目优先满足脱贫地区需求，培训计划单列下达，培训对象同等条件下予以优先招收。加强乡村医生队伍建设，逐步建立乡村医生退出机制。各地要支持和引导符合条件的乡村医生按规定参加职工基本养老保险。不属于职工基本养老保险覆盖范围的乡村医生，可在户籍地参加城乡居民基本养老保险。对于年满60周岁的乡村医生，各地要结合实际，采取补助等多种形式，进一步提高乡村医生养老待遇。

二是农村医疗保障制度方面。《关于进一步完善医疗救助制度全面开展重特大疾病医疗救助工作的意见》《关于推进新型农村合作医疗支付方式改革工作的指导意见》《国家卫生计生委、财政部关于做好新型农村合作医疗跨省就医费用核查和结报工作的指导意见》《关于印发全国新型农村合作医疗异地就医联网结报实施方案的通知》等政策指出，要进一步提高政府财政部门对农村居民医疗保险的补助力度。2021年6月，国家医疗保障局会同财政部、国家税务总局印发的《关于做好2021年城乡居民基本医疗保障工作的通知》作出以下几条规定：第一，财政补助平均每人增加30元，每人每年财政补助不能低于580元；第二，参保居民医保每人每年需要缴费320元，相比之前个人缴费再次提高40元；第三，加强基本医保、大病保险和医疗救助三重保障制度的内容衔接；第四，抓好高血压、糖尿病门诊用药保障政策落实的问题，健全重特大疾病医疗保险和救助制度，规范待遇享受等待期。

二、农村居民养老保障

农村居民养老保障政策是为了提高广大农村老年人生活水平和质量，减轻农村居民的养老负担，实现"老有所养"而制定的政策。随着农村老年人口的不断增加，目前农村养老面临着较大的问题。中央一号文件指出，要加快构建养老服务体系，建设多种农村养老服务；实现新型农村社会养老保险制度全面覆盖，城乡居民基本保险制度相融合。根据中央一号文件的内容，农村居民养老保障政策涉及农村社会养老保险和养老服务两个方面。

一是农村社会养老保险。《国务院关于建立统一的城乡居民基本养老保险制度的意见》等相关政策指出，要合并城乡居民基本养老保险制度；健全新型农村社会养老保险体系，运用科学合理的方式稳步提高城乡居民基础养老金标准；引导农村居民提高养老保险的缴费额度，从而增加养老金的发放额度。

二是农村社会养老服务。《关于促进农村生活服务业发展扩大农村服务消费的指导意见》《关于支持整合改造闲置社会资源发展养老服务的通知》《"十三五"国家老龄事业发展和养老体系建设规划》等相关政策指出，要加快构建农村社会养老服务体系，加大支持力度，充分利用现有农村服务资源和闲置的场地（如废弃厂房、医院、闲置的办公室等），通过新建或改扩建等方式，加强养老服务中心建设，完善浴室、文化室、娱乐室等综合服务设施，集中提供健康管理、助餐、助浴、理发、文化等综合性服务，为残疾人和高龄、失能老人提供全天候陪护服务。为贯彻落实党中央、国务院关于健全农村留守老年人关爱服务体系的决策部署，民政部、公安部、司法部、财政部、人力资源社会保障部、原文化部、原卫生计生委、国务院扶贫办、全国老龄办等9个部门联合印发了《关于加强农村留守老年人关爱服务工作的意见》，推动各地建立健全家庭尽责、基层主导、社会协同、全民行动、政府支持保障的农村留守老年人关爱服务机制。目前，全国各省份均制定了加强农村留守老年人关爱服务体系的专项政策文件或实施细则。

三、农村居民最低生活保障

农村居民最低生活保障政策主要是指政府为因病残、年老体弱、丧失劳动能力等原因造成生活困难的家庭，每年人均收入低于当地最低生活水平标准的农民，提供最基本的生活补贴，以满足他们最基本的生活需要。

在农村低保方面，党的十九大报告指出，要统筹城乡社会救助体系，完善最低生活保障制度。中央一号文件与政府工作报告也多次指出，要切实改进农村社会救助工作，加强农村最低生活保障的规范管理，不断提高农村最低生活保障的标准；全面建立临时救助制度，实现农村低保全覆盖，使符合条件的农村贫困人口都进入农村最低生活保障的范围；改进农村最低生活保障申请家庭经济状况核查机制，实现农村最低生活保障制度与扶贫开发政策有效衔接，切实改善农村困难群体的基本生活。

第二节 留守人群保障服务

近年来，党和政府高度重视关系到一切农民福祉的政策体系建设。党的十八大和十九大报告都提出要健全留守儿童、留守妇女和留守老人的关爱服务体系。相关部门也出台了一系列关于留守人群保障服务的政策文件，其中留守人群的保障服务政策又分为留守儿童保障服务政策、留守妇女保障服务政策、留守老人保障服务政策。

一、留守儿童保障服务

党和政府历来非常重视留守儿童关爱教育问题。留守儿童作为儿童所应享有的基本权益保障，在《中华人民共和国义务教育法》《中华人民共和国未成年人保护法》《中华人民共和国家庭教育促进法》等法律中已予以落实。同时，为进一步落实留守儿童的关爱教育保障问题，国家制定出台的《国家中长期教育改革和发展规划纲要（2010—2020年）》《中国儿童发展纲要（2011—2020年）》《国家贫困地区儿童发展规划（2014—2020年）》等规划纲要中均涉及留守儿童关爱教育政策，其政策主要体现在为留守儿童提供入园、入学和在学校住宿等基本保障，同时通过不断健全农村留守儿童服务机制，加强对留守儿童心理、情感和行为指导，努力提高留守儿童家长的监护意识和责任。

  党的十八大以来，以习近平同志为核心的党中央高度重视留守儿童教育问题。2015年6月16—18日，习近平总书记在贵州调研考察时指出，要关心留守儿童、留守老年人，完善工作机制和措施，加强管理和服务，让他们都能感受到社会主义大家庭的温暖。针对留守儿童教育问题，近年来我国先后出台了《关于进一步做好为农民工服务工作的意见》《关于加强农村留守儿童关爱保护工作的意见》《教育部等5部门关于加强义务教育阶段农村留守儿童关爱和教育工作的意见》《民政部关于进一步健全农村留守儿童和困境儿童关爱服务体系的意见》《关于劳动密集型企业进一步加强农村留守儿童和困境儿童关爱服务工作的指导意见》等政策文件。政策围绕留守儿童的基本生活与照料、关爱教育与健康成长等方面构建了系统性的政策保障体系，进一步明确了留守儿童的家庭监护主体责任，落实县、乡各级政府及村级组织的责任，加大教育部门和学校的关爱保护力度，以及发挥群团组织关爱服务优势和调动社会力量参与等，建立健全了包括政府、家庭、学校以及社会等在内的留守儿童保护政策措施和工作机制，充分保障了留守儿童的关爱教育问题。

  习近平总书记在党的十九大报告中作出了"中国特色社会主义进入新时代"的重大判断，并强调"健全农村留守儿童和妇女、老年人关爱服务体系"。党的十九届五中全会审议通过的《中共中央关于制定国民经济和社会发展第十四个五年规划和2035年远景目标的建议》明确提出，要健全学校家庭社会协同育人机制，增强学生文明素养、社会责任意识、实践本领，重视青少年身体素质和心理健康教育，提高民族地区教育质量和水平等高质量教育体系建设内容。在全面建设高质量教育体系的新时代背景下，留守儿童关爱教育同样需要准确把握新发展阶段、贯彻新发展理念、构建新发展格局。

二、留守妇女保障服务

根据健全农村"三留守群体"关爱服务体系相关政策要求，政府和有关部门制定了一系列关于留守妇女保障服务的具体政策，主要涉及留守妇女政治权益、留守妇女人身财产权益以及留守妇女的劳动就业权益等方面。

一是政治权益。2012年《中华人民共和国妇女权益保护法》等政策文件提出，要维护妇女在政治参与方面的合法权益，保证妇女和男子享有平等的政治权利，保证妇女享有与男子平等的选举权和被选举权，在全国人大和地方各级人民代表大会代表中要保证有适当数量的妇女代表，同时要提高妇女代表的比例，这在一定程度上也保证了留守妇女合法的政治权益。

二是人身财产权益。2015年《关于加大改革创新力度加快农业现代化建设的若干意见》等政策文件提出，要抓紧修改农村土地承包方面的法律，明确通过什么样的具体方式才能实现现有土地承包关系保持稳定并长久不变，辨清农村土地集体所有权、农户承包权、土地经营权之间的权利关系，保障好农村妇女的土地承包权益；同时，相关文件规定，妇女在农村土地承包经营、集体经济组织收益分配、土地征收或者征用补偿费使用以及宅基地使用等方面，享有与男子平等的权利。这些政策在一定程度上很好地保障了农村留守妇女的人身财产权益。

三是劳动就业权益。2016年《中共中央 国务院关于落实发展新理念加快农业现代化实现全面小康目标的若干意见》等政策文件提出，各地政府和相关部门要加大对农村妇女就业创业的资金支持，加大妇女小额担保贷款实施力度，加大对农村妇女的技术能力培训，支持农村妇女发展家庭手工业；同时，各级人民政府和有关部门应当采取措施，根据城镇和农村妇女的需要，组织妇女接受职业教育和实用技术培训,以及实行男女同工同酬等。妇女在享受福利待遇方面享有与男子平等的权利,这在一定程度上保障了农村留守妇女在接受职业教育、技能培训以及就业方面的合法权益。

三、留守老人保障服务

根据健全农村"三留守群体"关爱服务体系的相关政策文件要求,政府和有关部门制定了一系列关于留守老人保障服务的具体政策,主要涉及留守老人受赡养权的保障、留守老人的健康权益保障以及留守老人的受教育权益保障等方面。

一是受赡养权保障服务。2017年《关于制定和实施老年人照顾服务项目的意见》等政策文件提出,政府要加大基本公共服务资源向农村倾斜配置力度,使农村老人都能享受到照顾服务。在照顾服务过程中,发动子女和亲友的作用,强化照顾服务过程中的代际支持,规定农村老年人没有义务承担兴办公益事业,保障老年人享受被照顾的合法权益,从而保障老年人安享晚年,这在一定程度上也保障了留守老人受赡养的合法权益。

二是健康权益保障服务。2018年修订的《中华人民共和国老年人权益保障法》是保障老年人合法权益,发展老龄事业,弘扬中华民族敬老、养老、助老的美德而制定的法律。它对于保护老年人的合法权益发挥着重要的作用。

三是受教育权益保障服务。2016年《教育部等九部门关于进一步推进社区教育发展的意见》等政策文件提出,要重视农村居民的教育工作,重视开展农村留守老人等重点人群的培训服务,为留守老人提供精神文化方面的培训服务,在一定程度上满足了留守老人精神文化需要,保障了留守老人的受教育权益。

留守人群保障服务政策的出台和完善,在一定程度上满足了留守群体的多元化需求,在减少留守问题的发生以及维护农村社区的稳定上都具有一定的积极成效。

第三节　农业保险政策

一、中央财政型农业保费补贴保险产品

2015 年《中国保监会　财政部　农业部关于进一步完善中央财政保费补贴农业保险产品条款拟订工作的通知》印发，要求农业保险提供机构对种植业保险及能繁母猪、生猪、奶牛等按头（只）保险的大牲畜保险条款中不得设置绝对免赔。同时，要依据不同品种的风险状况及民政、农业部门的相关规定，科学合理地设置相对免赔。

1. 什么是绝对免赔额

举例说明：如果你买的小麦保险最高赔偿额是 300 元/亩，保险公司设置的绝对免赔额是 30 元（10%），那么如果发生了灾害，你的损失在 30 元以内，保险公司不予赔偿。只有在发生灾害后，你的损失在 30 元以上 300 元以下，保险公司才会赔偿。取消绝对免赔额后，意味着你花同样的保费，能够得到更高的赔偿。

2. 国家如何补贴保费

由于我国幅员辽阔，各地农业的发展情况和面临的风险各不相同，如海南受台风灾害较多、西南地区受泥石流等灾害较多、中原地区受干旱灾害较多。因此，各省农业保险的品种、范围、保费以及赔偿金额均不一样。如果要购买农业保险，需要了解当地的政策和产品。

3. 如何购买和理赔

签订合同：在自愿的基础上，以村为单位统一投保，投保单位与承保公司签订保险合同。村里没有统一投保的，投保农户与

承保公司签订保险合同，投保人应及时缴纳应承担的保费。保险合同须按品种（小麦、玉米、棉花等）签署，保费须按品种缴纳。投保农户不缴费，财政不补贴。

定损理赔：农户如在合同期内遇到了灾害，首先要及时通知所在村协保员或镇（区）"三农"保险服务站，由镇（区）、村协保员把受灾情况核实后报送保险机构；其次要保护好受灾现场，未经保险公司允许，不能随意对灾害现场进行处理；最后保险机构和政府相关部门将联合对受灾情况进行查勘定损，保险公司将根据规定进行理赔公示，无异议后向受灾农户发放赔款。

争议处理：农户或农业生产经营组织与农业保险经办机构因保险事宜发生争议，可通过自行协商解决，也可向当地政策性农业保险工作机构或政府申请调解；如调解无法达成一致，可申请仲裁或向当地人民法院提起诉讼。

4. 投保的注意事项

投保者在决定投保前，须详细了解保费补贴政策、投保单上的重要提示和保险条款（特别是保险责任、责任免除、被保险人义务等）；同时，投保单必须由投保人亲自填写，集体投保的被保险人要在投保农户清单上签字确认。另外，投保后，必须妥善保管好保险单和发票。

投保者如实填报姓名、保险的作物、面积、身份证号、联系方式、地块位置以及用于领取赔款的资金账号等识别信息。

二、《关于加快农业保险高质量发展的指导意见》

2019年5月29日，中央全面深化改革委员会第八次会议审议并原则同意《关于加快农业保险高质量发展的指导意见》。

（一）总体要求

1. 指导思想

以习近平新时代中国特色社会主义思想为指导，全面贯彻党的十九大和十九届二中、三中全会精神，按照党中央、国务院决策部署，紧紧围绕实施乡村振兴战略和打赢脱贫攻坚战，立足深化农业供给侧结构性改革，按照适应世贸组织规则、保护农民利益、支持农业发展和"扩面、增品、提标"的要求，进一步完善农业保险政策，提高农业保险服务能力，优化农业保险运行机制，推动农业保险高质量发展，更好地满足"三农"领域日益增长的风险保障需求。

2. 基本原则

一是政府引导。更好发挥政府引导和推动作用，通过加大政策扶持力度，强化业务监管，规范市场秩序，为农业保险发展营造良好环境。

二是市场运作。与农业保险发展内在规律相适应，充分发挥市场在资源配置中的决定性作用，坚持以需求为导向，强化创新引领，发挥好保险机构在农业保险经营中的自主性和创造性。

三是自主自愿。充分尊重农民和农业生产经营组织意愿，不得强迫、限制其参加农业保险。结合实际探索符合不同地区特点的农业保险经营模式，充分调动农业保险各参与方的积极性。

四是协同推进。加强协同配合，统筹兼顾新型农业经营主体和小农户，既充分发挥农业保险经济补偿和风险管理功能，又注重融入农村社会治理，共同推进农业保险工作。

3. 主要目标

2022年基本建成功能完善、运行规范、基础完备，与农业农村现代化发展阶段相适应、与农户风险保障需求相契合、中央与地方分工负责的多层次农业保险体系。稻谷、小麦、玉米三大主粮作物农业保险覆盖率达到70%以上，收入保险成为我国农业保险的重要险种，农业保险深度（保费/第一产业增加值）达到

1%，农业保险密度（保费/农业从业人口）达到500元/人。

到2030年，农业保险持续提质增效、转型升级，总体发展基本达到国际先进水平，实现补贴有效率、产业有保障、农民得实惠、机构可持续的多赢格局。

(二) 提高农业保险服务能力

1. 扩大农业保险覆盖面

推进政策性农业保险改革试点，在增强农业保险产品内在吸引力的基础上，结合实施重要农产品保障战略，稳步扩大关系国计民生和国家粮食安全的大宗农产品保险覆盖面，提高小农户农业保险投保率，实现愿保尽保。探索依托养殖企业和规模养殖场（户）创新养殖保险模式和财政支持方式，提高保险机构开展养殖保险的积极性。鼓励各地因地制宜开展优势特色农产品保险，逐步提高其占农业保险的比重。适时调整完善森林和草原保险制度，制定相关管理办法。

2. 提高农业保险保障水平

结合农业产业结构调整和生产成本变动，建立农业保险保障水平动态调整机制，在覆盖农业生产直接物化成本的基础上，扩大农业大灾保险试点，逐步提高保障水平。推进稻谷、小麦、玉米完全成本保险和收入保险试点，推动农业保险"保价格、保收入"，防范自然灾害和市场变动双重风险。稳妥有序推进收入保险，促进农户收入稳定。

3. 拓宽农业保险服务领域

满足多元化的风险保障需求，探索构建涵盖财政补贴基本险、商业险和附加险等的农业保险产品体系。稳步推广指数保险、区域产量保险、涉农保险，探索开展一揽子综合险，将农机大棚、农房仓库等农业生产设施设备纳入保障范围。开发满足新型农业经营主体需求的保险产品。创新开展环境污染责任险、农产品质量险。支持开展农民短期意外伤害险。鼓励保险机构为农业对外合作提供更好的保险服务。将农业保险纳入农业灾害事故防范救助体系，充分发挥保险在事前风险预防、事中风险控制、事后理赔服务等方面的功能作用。

4. 落实便民惠民举措

落实国家强农惠农富农政策，切实维护投保农民和农业生产经营组织利益，充分保障其知情权，推动农业保险条款通俗化、标准化。保险机构要做到惠农政策、承保情况、理赔结果、服务标准、监管要求"五公开"，做到定损到户、理赔到户，不惜赔、不拖赔，切实提高承保理赔效率，健全科学精准高效的查勘定损机制。鼓励各地因地制宜建立损失核定委员会，鼓励保险机构实行无赔款优待政策。

(三) 优化农业保险运行机制

1. 明晰政府与市场边界

地方各级政府不参与农业保险的具体经营。在充分尊重保险机构产品开发、精算定价、承保理赔等经营自主权的基础上，通过给予必要的保费补贴、大灾赔付、提供信息数据等支持，调动市场主体积极性。基层政府部门和相关单位可以按照有关规定，协助办理农业保险业务。

2. 完善大灾风险分散机制

加快建立财政支持的多方参与、风险共担、多层分散的农业保险大灾风险分散机制。落实农业保险大灾风险准备金制度，增强保险机构应对农业大灾风险能力。增加农业再保险供给，扩大农业再保险承保能力，完善再保险体系和分保机制。合理界定保险机构与再保险机构的市场定位，明确划分中央和地方各自承担的责任与义务。

3. 清理规范农业保险市场

加强财政补贴资金监管，对骗取财政补贴资金的保险机构，依法予以处理，实行失信联合惩戒。进一步规范农业保险市场秩序，降低农业保险运行成本，加大对保险机构资本不实、大灾风险安排不足、虚假承保、虚假理赔等处罚力度，对未达到基本经营要求、存在重大违规行为和重大风险隐患的保险机构，坚决依法清退出农业保险市场。

4. 鼓励探索开展"农业保险+"

建立健全保险机构与灾害预报、农业农村、林业草原等部门的合作机制，加强农业保险赔付资金与政府救灾资金的协同运用。推进农业保险与信贷、担保、期货（权）等金融工具联动，扩大"保险+期货"试点，探索"订单农业+保险+期货（权）"试点。建立健全农村信用体系，通过农业保险的增信功能，提高农户信用等级，缓解农户"贷款难、贷款贵"问题。

(四) 加强农业保险基础设施建设

1. 完善保险条款和费率拟订机制

加强农业保险风险区划研究，构建农业生产风险地图，发布农业保险纯风险损失费率，研究制定主要农作物、主要牲畜、重要"菜篮子"品种和森林草原保险示范性条款，为保险机构产品开发、费率调整提供技术支持。建立科学的保险费率拟订和动态调整机制，实现基于地区风险的差异化定价，真实反映农业生产风险状况。

2. 加强农业保险信息共享

加大投入力度，不断提升农业保险信息化水平。逐步整合财政、农业农村、保险监督管理、林业草原等部门以及保险机构的涉农数据和信息，动态掌握参保农民和农业生产经营组织相关情况，从源头上防止弄虚作假和骗取财政补贴资金等行为。

3. 优化保险机构布局

支持保险机构建立健全基层服务体系，切实改善保险服务。经营政策性农业保险业务的保险机构，应当在县级区域内设立分支机构。制定全国统一的农业保险招投标办法，加强对保险机构的规范管理。各地要结合本地区实际,建立以服务能力为导向的保险机构招投标和动态考评制度。依法设立的农业互助保险等保险组织可按规定开展农业保险业务。

4. 完善风险防范机制

强化保险机构防范风险的主体责任,坚持审慎经营,提升风险预警、识别、管控能力,加大预防投入,健全风险防范和应急处置机制。督促保险机构严守财务会计规则和金融监管要求,强化偿付能力管理,保证充足的风险吸收能力。加强保险机构公司治理,细化完善内控体系,有效防范和化解各类风险。

(五)做好组织实施工作

1. 强化协同配合

各地区、各有关部门要高度重视加快农业保险高质量发展工作,加强沟通协调,形成工作合力。财政部会同中央农办、农业农村部、银保监会、国家林草局等部门成立农业保险工作小组,统筹规划、协同推进农业保险工作。有关部门要抓紧制定相关配套措施,确保各项政策落实到位。各省级党委和政府要组织制订工作方案,成立由财政部门牵头,农业农村、保险监管和林业草原等部门参与的农业保险工作小组,确定本地区农业保险财政支持政策和重点,统筹推进农业保险工作。

2. 加大政策扶持

优化农业保险财政支持政策,探索完善农业保险补贴方式,加强农业保险与相关财政补贴政策的统筹衔接。中央财政农业保险保费补贴重点支持粮食生产功能区和重要农产品生产保护区以及深度贫困地区,并逐步向保障市场风险倾斜。对地方优势特色农产品保险,中央财政实施以奖代补予以支持。农业农村、林业草原等部门在制定行业规划和相关政策时,要注重引导和扶持农业保险发展,促进保险机构开展农业保险产品创新,鼓励和引导农户和农业生产经营组织参保,帮助保险机构有效识别防范农业风险。

3. 营造良好市场环境

深化农业保险领域"放管服"改革,健全农业保险法规政策体系。研究设立农业保险宣传教育培训计划。发挥保险行业协会等自律组织作用。加大农业保险领域监督检查力度,建立常态化检查机制,充分利用银保监会派出机构资源,加强基层保险监管,严厉查处违法违规行为,对滥用职权、玩忽职守、徇私舞弊、查处不力的,严格追究有关部门和相关人员责任,构成犯罪的,坚决依法追究刑事责任。

三、《关于扩大三大粮食作物完全成本保险和种植收入保险实施范围的通知》

2021年6月,财政部、农业农村部、银保监会印发了《关于扩大三大粮食作物完全成本保险和种植收入保险实施范围的通知》。其中指出,按照《中共中央 国务院关于全面推进乡村振兴加快农业农村现代化的意见》有关要求,为进一步提升农业保险保障水平,推动农业保险转型升级,更好地服务保障国家粮食安全,对扩大三大粮食作物完全成本保险和种植收入保险实施范围有关事项规定如下。

(一)指导思想

以习近平新时代中国特色社会主义思想为指导,贯彻落实党的十九大和十九届二中、三中、四中、五中全会精神,按照党中央、国务院决策部署,紧紧围绕全面推进乡村振兴和加快农业农村现代化,通过扩大三大粮食作物完全成本保险和种植收入保险实施范围,进一步增强农业保险产品吸引力,助力健全符合我国农业发展特点的支持保护政策体系和农村金融服务体系,稳定种粮农民收益,支持现代农业发展,保障国家粮食安全。

(二) 基本原则

1. 坚持自主自愿

实施完全成本保险和种植收入保险的地区以及有关农户、农业生产经营组织、承保机构均应坚持自主自愿原则。对纳入政策实施范围的产粮大县，有关农户和农业生产经营组织2021年可在直接物化成本保险、农业大灾保险、完全成本保险或种植收入保险中自主选择投保产品，2022年起可在直接物化成本保险、完全成本保险或种植收入保险中自主选择投保产品，但不得重复投保。

2. 体现金融普惠

将适度规模经营农户和小农户均纳入完全成本保险和种植收入保险保障范围，注重发挥新型农业经营主体带动作用，提升小农户组织化程度，把小农生产引入现代农业发展轨道，允许村集体组织小农户集体投保、分户赔付。

3. 增强预算约束

各地应结合财力状况，量力而行、尽力而为，结合农业保险业务发展趋势，循序渐进，因地制宜扩大完全成本保险和种植收入保险实施范围，逐步实现产粮大县全覆盖。原则上，中央财政完全成本保险或种植收入保险保费补贴增幅不高于预算增幅。

4. 鼓励探索创新

在扩大政策实施范围过程中，鼓励各地探索建立标准化农业保险运行体系，加强与政府救灾体系协同，开发标准化农业保险产品，完善农业保险风险区划，加强数据比对核验，有效规避道德风险。

5. 确保风险可控

各地应注重加强经营风险管控，强化对农业大灾风险的监测预警和应急管理，建立健全农业再保险和农业大灾风险分散机制，全面提高大灾风险统筹层次，形成农业风险闭环管控体系。

(三) 补贴方案

保险标的物为关系国计民生和粮食安全的稻谷、小麦、玉米三大粮食作物。保险品种为完全成本保险和种植收入保险。其中，完全成本保险为保险金额覆盖直接物化成本、土地成本和人工成本等农业生产总成本的农业保险；种植收入保险为保险金额体现农产品价格和产量，覆盖农业种植收入的农业保险。保险保障对象为全体农户，包括适度规模经营农户和小农户。

实施地区为河北、内蒙古、辽宁、吉林、黑龙江、江苏、安徽、江西、山东、河南、湖北、湖南、四川13个粮食主产省（区）的产粮大县。2021年纳入补贴范围的实施县数不超过省内产粮大县总数的60%，2022年实现实施地区产粮大县全覆盖。粮食主产省（区）产粮大县范围根据上一年度中央财政奖励的产粮大县名单确定。

原则上，完全成本保险或种植收入保险的保障水平不高于相应品种种植收入的80%。农业生产总成本、单产和价格（地头价）数据，以发展改革委最新发布的《全国农产品成本收益资料汇编》或相关部门认可的数据为准。补贴比例为在省级财政补贴不低于25%的基础上，中央财政对中西部及东北地区补贴45%，对东部地区补贴35%。

(四) 保险方案

完全成本保险的保险责任应涵盖当地主要的自然灾害、重大病虫害和意外事故等，种植收入保险的保险责任应涵盖农产品价格、产量波动导致的收入损失。保险费率应按照保本微利原则厘定，综合费用率不高于20%。

各地要注重加强承保机构资质管理。承保完全成本保险或种植收入保险的保险机构应满足《财政部 农业农村部关于加强政策性农业保险承保机构遴选管理工作的通知》相关要求和银保监会关于农业保险经营条件的监管规定。

承保机构应当公平合理地拟订保险条款和保险费率，并充分征求当地财政、农业农村部门和农户代表意见。

承保机构应加强承保理赔管理，对适度规模经营农户和小农户都要做到承保到户、定损到户、理赔到户。要因地制宜研究制定查勘定损标准与规范。在农户同意的基础上，原则上可以以乡镇或村为单位抽样确定损失率。

承保机构要有稳健的农业再保险安排，积极参与农业保险再保险体系改革试点，确保扩大政策实施范围工作稳步推动。

（五）其他事项

在符合扩大政策实施范围工作指导思想和基本原则的前提下，鼓励各地结合实际探索开展农业保险创新试点，开发标准化农业保险产品，完善风险区划和费率调整机制，加强保费补贴资金审核。鼓励有关方面加强与国防科工局重大专项工程中心合作，通过遥感等途径对农业保险数据进行交叉验证，提高真实性和准确性。

省级财政部门应于2021年7月30日前，将扩大政策实施范围相关资金申请报告报财政部，财政部根据预算安排和各地报送的申请情况，于9月30日前下达当年扩大政策实施范围资金，优先保障开展农业保险创新试点的省份，并在下一年度统一结算。以后年度资金申请程序及时间执行《中央财政农业保险保费补贴管理办法》。

各地要高度重视扩大完全成本保险和种植收入保险实施范围工作，执行中如有问题，请及时报告。

《关于扩大三大粮食作物完全成本保险和种植收入保险实施范围的通知》自2021年1月1日起施行。《财政部关于在粮食主产省开展农业大灾保险试点的通知》《财政部关于扩大农业大灾保险试点范围的通知》自2022年1月1日起废止。

参考文献

农业部产业政策与法规司, 2017. 三农政策简明读本 [M]. 北京: 中国农业出版社.

张成贵, 何阳, 2018. 新时代"三农"政策简明读本 [M]. 兰州: 兰州大学出版社.

周晖, 2011. 现代农村政策法规 [M]. 北京: 中国农业科学技术出版社.

周晖, 马亚教, 黄卫, 2015. 现代农业政策法规 [M]. 北京: 中国农业科学技术出版社.